软件测试技术

魏　雄　叶　鹏　王帮超　主编

中国原子能出版社

图书在版编目（CIP）数据

软件测试技术 / 魏雄, 叶鹏, 王帮超主编. -- 北京：
中国原子能出版社, 2024. 8. -- ISBN 978-7-5221-3586-
1

Ⅰ. TP311.5

中国国家版本馆 CIP 数据核字第 2024WT5619 号

软件测试技术

出版发行	中国原子能出版社（北京市海淀区阜成路 43 号　100048）	
责任编辑	付　凯	
责任印制	赵　明	
印　　刷	炫彩（天津）印刷有限责任公司	
经　　销	全国新华书店	
开　　本	787 mm×1092 mm　1/16	
印　　张	13.375	
字　　数	184 千字	
版　　次	2024 年 8 月第 1 版　2024 年 8 月第 1 次印刷	
书　　号	ISBN 978-7-5221-3586-1　　　定　价　**90.00 元**	

发行电话：010-68452845

作者简介

魏雄，武汉大学计算机体系博士研究生。现就职于武汉纺织大学计算机与人工智能学院，副教授，主要从事软件可靠性、并行计算和边缘计算等领域研究工作。主持中国博士后基金特别资助和中国博士后基金一等资助各 1 项、中国高校产学研创新基金 2 项、教育部课程体系改革项目 2 项、计算机系统能力培养项目 1 项，获得中国纺织联合会教学成果二等奖 1 项。

叶鹏，武汉大学计算机软件与理论博士研究生。现就职于武汉纺织大学计算机与人工智能学院，副教授，主要从事软件体系结构、智能化软件工程等领域研究工作。主持湖北省自然科学基金项目、湖北省教育厅科研项目等共 3 项。

王帮超，武汉大学计算机软件与理论博士研究生。现就职于武汉纺织大学计算机与人工智能学院，硕士生导师，校聘副教授，入选湖北省高层次人才"楚天英才计划"楚天学者，主要从事智能化软件工程、自然语言处理等领域研究工作。主持国家自然科学基金 1 项、湖北省教育厅科研项目 1 项，获批校级研究生精品课程 1 门，获得湖北省科技进步二等奖 1 项、中国纺织联合会教学成果二等奖 1 项。

前言

PREFACE

本教材根据教育部制定的《普通高等学校本科专业类教学质量国家标准》计算机类教学质量国家标准编写。

在信息化时代，软件产品已经渗透到生活的各个角落，无论是日常使用的手机应用、办公软件，还是支撑社会运行的大型系统平台，其稳定性和质量直接关系到用户的体验和业务的正常运转。因此，软件产品的测试过程至关重要，它是确保软件质量、优化用户体验、预防潜在风险的关键环节。

本书的特色在于，立足于软件工程的思想，培养计算机类本科学生计算思维，从科学、技术、交叉和素养4方面组织和编写内容，介绍贯穿软件生命周期全过程的软件质量保证，从软件质量评价体系，软件质量保障方法的核心知识和技术的角度，帮助学习者实现将信息技术与学习者原有的知识体系进行融合，通过批判性思考和问题解决达到创新和突破的目标。本书语言通俗易懂，素材丰富多样，通过全面的介绍让学生能在较短时间内认识和了解计算思维的本质，达到理解并能有意识在学习和实践中进行融合和应用，并且强调培养学生道德情操，增强人文关怀与社会责任感、创新精神和社会担当的素质。

首先，本书适合作为高等教育阶段的本科计算机类本科生和研究生教材使用。本书立足于培养学生的计算思维与信息素养和软件质量意识，培养运用软件质量体系评价软件质量的基本能力。这些都是高等教育阶段学生必备的知识与素质。其次，本书也非常适合作为想要全面了解计算机技术知识的

1

学生的自学参考用书。

本书第 1～5 章由魏雄编写，第 6 章、第 7 章由叶鹏和王帮超编写。在书稿的编写过程中，得到多位专家的关心和支持。在此，对所有鼓励、支持和帮助过本书编写的领导、专家、同事和广大读者表示真挚的谢意！

由于时间紧迫以及作者水平有限，书中难免有错误、疏漏之处，恳请读者批评指正。

目 录

CONTENTS

第1章　绪论 ·· 1

1.1　软件、软件危机和软件工程 ······························· 1

1.2　软件开发 ·· 6

1.3　软件缺陷与软件故障 ······································ 8

1.4　软件测试 ·· 13

1.5　软件测试人员基本素质 ···································· 17

第2章　软件测试过程与策略 ······································ 20

2.1　软件测试过程 ·· 20

2.2　软件测试的方法 ·· 30

2.3　软件测试过程的不同阶段 ·································· 36

2.4　面向对象的软件测试 ······································ 61

第3章　软件测试标准 ·· 70

3.1　软件质量 ·· 70

3.2　软件质量模型 ·· 73

3.3　软件质量标准 ·· 78

3.4　软件能力成熟度模型 CMM 简介 ···························· 91

第4章　软件测试技术 ·· 99

4.1　白盒测试概述 ·· 99

4.2　黑盒测试概述 ·· 113

第 5 章 软件性能测试 ·· 121

5.1 什么是软件性能 ··· 121

5.2 性能测试的目标 ··· 125

5.3 性能测试的方法 ··· 128

5.4 性能测试过程 ··· 133

5.5 性能测试工具 ··· 141

第 6 章 自动化测试及工具 ·· 143

6.1 QTP ··· 144

6.2 QTP-同步 ·· 159

6.3 QTP-库文件 ··· 167

6.4 QTP-自动化测试结果 ······························ 168

第 7 章 软件测试管理 ·· 180

7.1 测试团队管理 ··· 180

7.2 计划测试 ··· 184

7.3 测试用例管理 ··· 191

7.4 测试缺陷管理 ··· 192

7.5 测试报告 ··· 197

7.6 软件测试配置管理 ····································· 198

7.7 测试管理工具 ··· 199

7.8 软件测试管理 ··· 202

附录 ··· 203

附录 A ··· 203

附录 B ··· 204

参考文献 ··· 205

第1章 绪 论

1.1 软件、软件危机和软件工程

软件是一系列按照特定顺序组织的计算机数据和指令的集合，与硬件是一种融合共生的关系。没有高性能的硬件，软件无法发挥自己的优势，软件不够优化，再强大的硬件也无法施展自己的性能。计算机系统发展的早期，软件通常是规模较小的程序。软件是为每个具体应用专门编写的。这种个体化的软件环境，使得软件设计通常是在人们头脑中进行的一个隐含的过程，除了程序清单之外，没有其他文档资料保存下来。在软件开发过程中由于进度、质量和成本等因素出现了软件危机，软件工程开发方法能很好地解决软件危机。

1.1.1 计算机软件

计算机软件是指一系列指令和数据，以及与之相关的文档，用于控制计算机硬件执行特定任务和解决问题。计算机软件使计算机能够执行特定的任务和处理特定的数据。例如，管理计算机的硬件资源，协调进程和程序的执行，为其他应用程序提供运行环境，并提供用户界面以方便用户交互。计算机软件可以使用户完成各种工作，例如文档编辑、数据分析、图像处理等。软件的使用可以提高工作效率和准确性，简化复杂的任务，提供更多的功能和选择。计算机软件分为操作系统、应用程序和其他与计算机系统相关的软件。

1.1.1.1 系统软件

系统软件是管理计算机系统的资源，在计算机启动时加载并运行的程序，提供基本的功能和服务。操作系统、编译程序、驱动程序和系统工具等是常见的系统软件。操作系统负责控制和管理计算机硬件资源，为应用程序提供服务，是计算机系统的核心软件，PC 端常见的操作系统有 Microsoft 的 Windows、开源的 Linux、Apple 公司的 Mac OS，移动端常见的操作系统有 Google 公司的 Android、Apple 公司的 IOS 和 Huawei 的 Harmony OS。设备驱动程序用于与硬件设备通信，使操作系统能够控制和使用各种硬件设备，如打印机、键盘、鼠标等。系统工具提供系统维护、性能检测、文件管理等工程的工具，如磁盘清理和任务管理器等。

1.1.1.2 应用软件

应用软件是基于特定需求开发的程序，用于实现特定的功能或任务。常见的应用软件有办公软件、图像处理软件、社交和游戏软件等。

办公套件（Office suite）：包括文本编辑器、电子表格、演示软件等，用于办公和生产力，如 Microsoft Office、Google Workspace 等。

图形设计和多媒体软件：用于图像处理、视频编辑、音频编辑等，如 Adobe Photoshop、Premiere Pro、Audacity 等。

互联网浏览器：用于访问和浏览互联网的应用程序，如 Google Chrome、Mozilla Firefox、Microsoft Edge 等。

数据库管理系统（Database Management System，DBMS）：用于管理和组织数据的软件，如 MySQL、Microsoft SQL Server、Oracle 等。

开发工具和集成开发环境（IDE）：用于编写、测试和调试软件的工具，如 Visual Studio、Eclipse、PyCharm 等。

游戏软件：用于娱乐目的的计算机游戏，包括各种类型的游戏，如角色扮演游戏（RPG）、射击游戏、模拟游戏等。

教育软件：用于教学和学习的应用程序，包括电子教科书、模拟软件等。

安全软件：用于保护计算机系统和数据安全的软件，如防病毒软件、防火墙、加密工具等。

这只是计算机软件种类的一小部分，随着技术的发展，新的软件类型不断涌现。每种类型的软件都有其独特的功能和用途，以满足用户不同的需求

软件开发涉及计算机科学、软件工程、人机交互等多个学科。开发软件的工具包括编程语言、集成开发环境、调试器等。编码是将设计的软件模型转化为可执行的机器码的过程，需要使用特定的编程语言和算法。

计算机软件的发展一直在不断推进。随着计算机硬件的迅速进步，软件也在不断升级和演进。新的编程语言、开发工具和算法不断涌现，为软件开发提供更多的选择和便利。同时，云计算、人工智能等新兴技术也为软件创新带来了新的机遇和挑战。

然而，计算机软件开发也面临着一些问题和挑战。软件的复杂性和规模不断增加，使得软件开发变得更加困难和耗时。软件的质量和安全性也是一个重要的关注点，需要进行严格的测试和验证。此外，软件的使用者多样化，需要考虑不同的用户需求和使用场景。

总的来说，计算机软件是实现计算机功能的关键组成部分，对于提供计算机的强大功能和灵活性至关重要。它不仅在计算机系统中发挥着核心作用，也对各行各业产生了深远的影响。软件的不断创新和发展不断推动计算机技术的进步和应用的广泛化。

1.1.2 软件危机

20 世纪 60 年代是计算机系统发展的第二个时期，出现了广泛使用产品软件的"软件作坊"。软件作坊基本上仍然沿用早期形成的个体化软件开发方法。随着计算机应用的日益普及，软件数量急剧膨胀。在程序运行时发现的错误改正；用户需求变更相应地修改程序；硬件或操作系统更新时，需要修改程序以适应新的环境。程序的个体化特性使得它们最终成为不可

维护的。软件危机就这样开始出现了！北大西洋公约组织的计算机科学家在1968年西德召开国际会议，讨论软件危机问题，正式诞生了软件工程新兴的工程学科。

软件危机是在计算机软件的开发和维护过程中遇到的问题，包含如何开发满足需求日益增长的软件和已有的软件维护数量不断增加两方面的问题。

1.1.2.1 软件危机的典型表现

软件危机主要有以下典型表现：

（1）对软件开发成本和进度估计不准确。实际成本和进度比估计成本有可能高出一个数量级，这种现象降低了软件开发组织的信誉。而为了赶进度和节约成本所采取的一些权宜之计又损害了软件产品的质量，从而引起用户的不满。

（2）用户对"已完成的"软件系统不满意。软件开发人员常常在对用户需求只有初步的了解，就开始编写程序。软件开发人员和用户之间的沟通不充分，"闭门造车"必然导致最终的产品不符合用户的实际需要。

（3）软件产品的质量差。软件可靠性和质量保证定量概念出现不久，软件质量保证技术（审查、复审、软件测试）还没有坚持不懈地应用到软件开发的全过程中，这些都导致软件产品质量不高。

（4）软件可维护性不高。很多程序中的错误难以改正，实际上不可能使这些程序适应新的硬件环境，也不能根据用户的需要在原有程序上扩展。

（5）软件缺少相应的文档资料。计算机软件不仅是程序，还应该有一整套软件开发过程中产生出来和程序代码一致的文档资料。而且应该是"最新式的"（即和程序代码完全一致的）。软件开发人员可以使用这些文档资料作为"里程碑"，来评价软件开发工程的进度和质量；缺乏必要的文档资料或者文档资料不合格，必然给软件开发和维护带来许多严重的困难和问题。

（6）软件成本在计算机系统总成本中所占的比例逐年上升。由于微电子学技术的进步和生产自动化程度的不断提高，硬件成本逐年下降，然而软件开发需要大量人力，软件成本随着通货膨胀以及软件规模和数量的不断扩大而持续上升。美国在 1985 年软件成本大约已占计算机系统总成本的 90%。

（7）软件开发生产率提高的速度，远远跟不上计算机应用迅速普及深入的趋势。软件产品"供不应求"的现象使人类不能充分利用现代计算机硬件提供的巨大潜力。

1.1.2.2　软件危机的产生原因

在软件开发和维护的过程中存在严重问题，与软件本身的特点和不正确的软件开发与维护的方法有关。

软件与硬件不同，它是计算机系统中的逻辑部件。由于软件缺乏"可见性"，在写出程序代码并在计算机上试运行之前，软件开发过程的进展情况较难衡量，软件的质量也较难评价，因此管理和控制软件开发过程相当困难。此外，软件在运行过程中不会因为使用时间过长而被"老化"。

软件不同于一般程序，它的一个显著特点是规模庞大，程序复杂性随着程序规模的增加呈指数上升。为了在预定时间内开发出规模庞大的软件，必须由多人分工协作，如何保证每个人完成的工作集成在一起能构成一个高质量的大型软件系统，是一个极端复杂困难的问题，这涉及分析方法、设计方法、形式说明方法、版本控制等许多技术问题和科学的管理。

事实上，许多用户在开始时不能准确具体地叙述他们的需求，开发人员需要做大量深入细致的调查研究，反复和用户交流沟通，才能全面、准确、具体地了解用户的要求。对问题和目标的正确认识是解决任何问题的前提和出发点，软件开发也不例外。急于求成，仓促上阵，没有完整准确地获取用户需求就着手编写程序是许多软件开发失败的主要原因之一，越早开始写程序，完成的时间往往越长。

1.2 软件开发

软件从定义、开发，使用和维护，直到最终被废弃，如同一个人要经过婴儿、儿童、青年、中年和老年，直到最终死亡，要经历一个漫长的时期，通常把软件经历的这个漫长的时期称为软件生命周期，如图 1-1 所示。

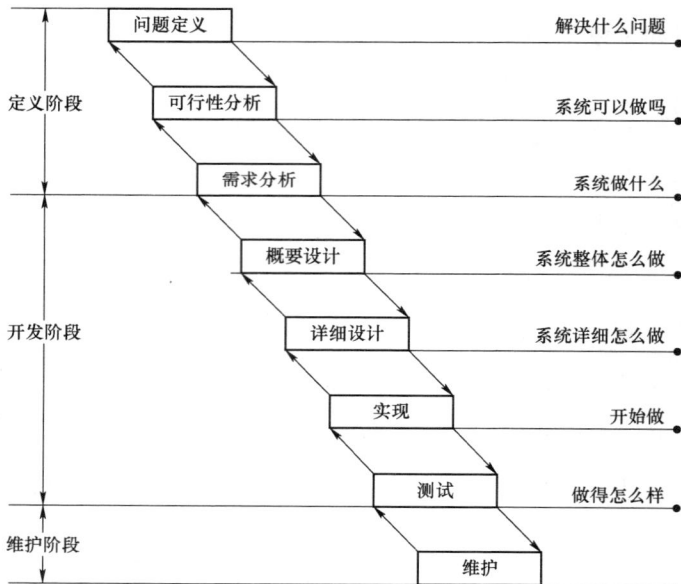

图 1-1 软件生命周期

软件开发首先是问题定义，确定要解决的问题是什么；然后要进行可行性研究，决定该问题是否在经济、技术和社会方面可行；接下来进行需求分析，全面完整地了解用户的要求，和用户一起解决系统要做什么的问题。经过上述软件定义时期的准备工作进入开发时期，而在开发时期，首先需要对软件进行设计（分为概要设计和详细设计两个阶段），然后才能进入编码阶段，程序编写完之后还必须经过大量的测试工作后交付使用。

另一方面还必须认识到程序只是完整的软件产品的一个组成部分，在上述软件生命周期的每个阶段都要得出最终产品的一个或几个组成部分（这些组成部分通常以文档资料的形式存在）。也就是说，一个软件产品必须由一个完整的配置组成，软件配置主要包括程序、文档和数据等成分。必须清除只重视程序而忽视软件配置其余成分的糊涂观念。

做好软件定义时期的工作，是降低软件成本提高软件质量的关键。如果软件开发人员在定义时期没有正确全面地理解用户需求，直到测试阶段或软件交付使用后才发现"已完成的"软件不完全符合用户的需要，这时再修改就为时已晚了。

严重的问题是，在软件开发的不同阶段进行修改需要付出的代价是很不相同的，在早期引入变动，涉及的面较少，因而代价也比较低；而在开发的中期，软件配置的许多成分已经完成，引入一个变动要对所有已完成的配置成分都做相应的修改，不仅工作量大，而且逻辑上也更复杂，因此付出的代价剧增；在软件"已经完成"时再引入变动，当然需要付出更高的代价。根据美国一些软件公司的统计资料，在后期引入一个变动比在早期引入相同变动所需付出的代价高 2～3 个数量级。

通过上面的论述不难认识到，轻视维护是一个最大的错误。许多软件产品的使用寿命长达 10 年甚至 20 年，在这样漫长的时期中不仅必须改正使用过程中发现的每一个潜伏的错误，而且当环境变化时（例如硬件或系统软件更新换代）还必须相应地修改软件以适应新的环境，特别是必须经常改进或扩充原来的软件以满足用户不断变化的需要。所有这些改动都属于维护工作，而且是在软件已经完成之后进行的，因此维护是极端艰巨复杂的工作，需要花费很大代价。统计数据表明，实际上用于软件维护的费用占软件总费用的 55%～70%。软件工程学的一个重要目标就是提高软件的可维护性，减少软件维护的代价。

1.3　软件缺陷与软件故障

1.3.1　软件缺陷与故障

软件质量问题包括软件缺陷和软件故障。

1.3.1.1　软件缺陷

软件缺陷是指在软件中存在的错误、缺陷或问题，可能导致软件无法正常运行或不符合设计规格。软件缺陷可能在开发、测试或实际使用阶段被发现，且其修复可能需要软件开发团队的干预。以下是一些常见的软件缺陷类型：

编程错误：编程错误是最基本的软件缺陷，可能是由于开发人员在编写代码时犯的语法错误、逻辑错误或其他错误。这种错误可能导致程序无法编译、运行时错误或不符合预期的行为。

逻辑错误：逻辑错误是在程序中存在的设计错误，导致程序的行为不符合预期。这种类型的缺陷可能不会导致程序崩溃，但会导致错误的输出或功能不正确。

界面问题：软件界面的设计缺陷可能导致用户体验不佳或用户难以理解和操作。这包括不直观的用户界面、错误的标签或按钮等问题。

性能问题：软件性能缺陷可能表现为响应时间慢、资源占用过多、系统崩溃等。这些问题可能在特定条件下发生，如大规模数据处理、高并发访问等情况。

安全漏洞：安全漏洞可能导致潜在的安全威胁，包括数据泄漏、未经授权的访问、恶意软件注入等。这些问题需要及时修复以确保软件的安全性。

兼容性问题：软件在不同操作系统、浏览器或硬件平台上可能存在兼容性问题，导致软件在某些环境下无法正常运行。

文档问题：缺乏或不准确的文档可能导致开发人员、测试人员或用户对软件的理解出现偏差，从而引发问题。

数据处理问题：对输入数据的处理错误可能导致程序运行不稳定或产生错误的输出结果。

并发问题：在多线程或并发环境中，可能出现由于竞态条件、死锁或资源争夺引起的问题。

内存泄漏：未正确释放内存可能导致系统资源耗尽，最终导致软件崩溃或性能下降。

为了管理和减少软件缺陷，软件开发团队通常采用测试、代码审查、静态分析等质量控制措施，并在软件发布后通过用户反馈和持续改进来修复已知的缺陷。

1.3.1.2 软件故障

软件故障是指在软件运行过程中发生的异常情况，导致软件无法按照预期的方式工作。软件故障可能由多种原因引起，包括编程错误、系统环境问题、硬件故障等。以下是一些可能导致软件故障的常见原因：

编程错误：编程错误是软件故障的主要原因之一。这包括语法错误、逻辑错误、算法错误等。这些错误可能导致程序运行时产生未定义的行为或错误输出。

不完善的测试：不充分或不准确的测试可能导致未能捕获所有潜在的问题。如果测试覆盖不全或测试用例设计不当，一些故障可能会逃脱检测。

硬件故障：软件运行在硬件平台上，硬件故障可能导致软件无法正常工作。这包括硬盘故障、内存故障、中央处理器故障等。

系统环境问题：软件在特定的操作系统、网络环境或依赖的第三方库中运行。如果环境配置不正确或者依赖项发生变化，可能导致软件故障。

并发问题：在多线程或并发环境中，未正确处理竞态条件、死锁等问题可能导致软件故障。

内存泄漏：未正确释放内存可能导致内存泄漏，最终导致系统资源耗尽，软件运行失败。

安全漏洞：安全漏洞可能被黑客利用，导致软件崩溃、数据泄漏或其他安全问题。

第三方服务故障：如果软件依赖于外部的第三方服务，那么这些服务的故障可能对软件的正常运行产生影响。

不稳定的网络连接：对于网络应用程序，不稳定的网络连接可能导致通信失败，从而导致软件故障。

配置问题：配置文件错误或不正确的配置参数可能导致软件无法正确初始化或执行。

为了诊断和解决软件故障，软件开发团队通常需要进行调试、日志分析、错误报告分析等工作。软件的质量保证流程和持续集成/持续交付（CI/CD）实践也有助于及早发现和修复潜在的故障。

1.3.2 历史上著名软件质量导致的损失

1.3.2.1 2020 年美国大选密歇根州安特里姆县投票机缺陷

2020 年美国大选由于制表软件的故障，导致票数计算出现的错误。在选举之夜的报道称，特朗普以 3 000 票之差输掉了密歇根州安特里姆县。法官下令对 22 台安特里姆县使用多米尼（Dominion）投票系统的机器和软件 Dominion 进行检查，结果证实投票机系统的程序出现问题，将 6 000 张特朗普选票转给了拜登。在随后的重新手工计票后宣布特朗普获胜。

1.3.2.2 英国国家卫生服务系统 COVID-19 软件设置错误

英国国家卫生服务系统（NHS）在 COVID-19 疫情期间由于没有及时提高风险阈值，导致数千人在接触冠状病毒感染者后没有被告知自我隔离。该系统的新冠病毒应用程序出现软件设置错误。这是一起由软件应用没有及时更新导致的事故，该应用的设置算法在最初的软件发布后一两个月都没有更新。而在这段时间里，风险阈值被提高了，但没有在软件中反映出来，因此没有警告人们潜在的感染危险。

1.3.2.3　美国航天局火星极地登陆者号探测器

火星气候探测者号（Mars Climate Orbiter）是美国国家航空航天局的火星探测卫星，主要任务是研究火星大气层、火星气候及火星地表，并帮助火星极地着陆者号与地球通信，9 月 23 日在进入火星轨道的过程中失去联络，最终任务失败。是因为火星气候探测者号上的飞行系统软件使用公制单位牛顿计算推进器动力，而地面人员输入的方向校正量和推进器参数则使用英制单位磅力，导致探测器进入大气层的高度有误，最终瓦解碎裂。

1.3.2.4　波音 737MAX 两起坠机事故

美国波音公司 737MAX2017 年投入商用后，在 2018 和 2019 年发生两起坠机事故，共造成 246 人丧生导致这个机型停飞。经过 18 个月的事故调查，2020 年 9 月份公布的调查报告中有两点和软件质量有关。波音对 737 MAX 的关键技术 MCAS 软件做出了根本性错误的假设，MCAS 是一种在特定条件下自动压低飞机机头的软件。波音预计不知道 MCAS 的飞行员将能够减轻任何潜在的故障，同时波音拒绝向美国联邦航空局（FAA）、其客户和 737 MAX 飞行员提供包括内部测试数据的关键信息，该数据显示，波音测试飞行员花了超过 10 秒的时间来诊断和应对飞行模拟器中无人指挥的 MCAS 激活，这种情况对飞机是"灾难性的"。而美国联邦航空局假定飞行员在 4 秒内就对这种情况做出反应。

1.3.2.5　伦敦希思罗国际机场软件故障

伦敦希思罗国际机场（Healthrow International airport）是欧洲最繁忙的

机场，每年的旅客吞吐量超过 8 000 万，2020 年 2 月 17 日，该机场的计算机系统出现了故障，影响了登机牌、值机系统和行李处理系统，超过 120 个航班被取消，并造成许多其他航班 2~3 小时的延误，滞留在机场的乘客无法获得航班信息，值机系统导致数千名旅客错过了自己的航班。

1.3.2.6　花旗集团过时的软件系统

金融软件系统维护和更新不及时的风险是巨大的，首当其冲是由于缺乏安全更新增加了黑客发现并利用安全漏洞的可能性。其次是与其他系统的兼容性问题。软件系统不进行维护升级，和新的操作系统、新的设备，以及新的第三方软件应用的集成或兼容可能会有问题。2020 年 8 月，花旗集团由于使用一个过时的软件系统造成了近 110 亿美元的损失。

1.3.2.7　微盟恶性删库事件

2020 年 2 月 23 日，微盟研发中心运维部核心运维人员通过 VPN 登录服务器，并对线上生产环境进行了包括删除数据库备份服务器等恶意破坏。数据直到 2 月 28 日才完全恢复。9 月 28 日，Microsoft Azure Active Directory（Azure AD）全局中断导致用户无法验证 Azure AD 并连接到受服务保护的任何内容。这一次影响到全球所有地区的 Microsoft 和 Azure 客户。微软云服务在 3 月和 10 月也发生了服务中断的事故。11 月 26 日，Amazon Web Services（AWS）发生了一次重大的宕机事故［XI］，影响了包括 Adobe、Roku、Twilio和 Flickr 在内的多家依赖 AWS 云服务的公司。

1.3.2.8　Google 服务器突然遭遇全球大面积故障

2020 年 12 月 14 日凌晨，Google 服务器遭遇全球大面积宕机 45 分钟，谷歌旗下的包括 Gmail 邮箱，谷歌日历、视频网站 YouTube 等多项服务无法访问，该公司透露，这次宕机是因为内部存储配额问题，谷歌用户 ID 服务为每个账户维护一个唯一的标识符，并处理 OAuth 令牌和 Cookie 的身份验证凭据。它将账户数据存储在分布式数据库中，该数据库使用 Paxos 协议协调更新，出于安全原因，此服务在检测到过期数据时将拒绝请求导致用于登录用户账户的身份验证系统发生故障。

1.4　软件测试

软件测试是保证软件质量非常重要的方法，软件测试使用人工操作（手动测试）或者软件自动运行的方式（自动化测试）来检验软件是否存在缺陷和满足用户需求的过程。

软件测试是伴随着软件的产生而产生的。早期的软件开发过程中规模都很小、复杂程度低，软件开发的过程混乱无序、相当随意，测试的含义比较狭窄，开发人员将测试等同于"调试"，目的是纠正软件中已经知道的故障，常常由开发人员自己完成这部分的工作。对测试的投入极少。到了 20 世纪 80 年代初期，软件趋向大型化、高复杂度，软件的质量越来越重要。这个时候，一些软件测试的基础理论和实用技术开始形成，并且人们开始为软件开发设计了各种流程和管理方法，软件开发的方式也逐渐由混乱无序的开发过程过渡到结构化的开发过程，以结构化分析与设计、结构化评审、结构化程序设计以及结构化测试为特征。

1.4.1　软件测试的概念

Bill Hetzel 在《软件测试完全指南》（Complete Guide of Software Testing）一书中指出："测试是以评价一个程序或者系统属性为目标的任何一种活动。测试是对软件质量的度量。"这个定义至今仍被引用。软件开发人员和测试人员开始坐在一起探讨软件工程和测试问题。

软件测试是通过确认和验证来检查被测软件的工件和行为的行为。软件测试还能为软件提供客观、独立的视角，让企业了解和理解软件实施的风险。

13

测试技术包括分析产品需求的完整性和正确性，如行业视角、业务视角、实施的可行性和可行性、可用性、性能、安全性、基础设施考虑等。审查产品架构和产品的整体设计，与产品开发人员一起改进编码技术、设计模式，并根据各种技术（如边界条件等）将测试作为代码的一部分来编写。

1.4.2 软件测试的原则

软件测试是复杂且资源密集型的，希望优化测试流程，以获得最佳的测试投资质量。测试的七项原则可帮助设定最佳质量标准。

1.4.2.1 测试显示软件存在缺陷，不能证明不存在缺陷

如果 QA 团队在测试周期后报告零缺陷，并不意味着软件中没有错误。这意味着可能存在错误，但 QA 团队没有发现它们。测试后没有发现软件存在缺陷的原因有很多，比较常见的原因是设计的测试用例没有涵盖所有的软件应用场景。

1.4.2.2 详尽的测试是不可能的

一个简单的 UI 接受两个数字作为输入并打印它们的总和。验证此屏幕上所有可能的数字将需要无限的时间。如果像这样的简单屏幕实际上不可能进行详尽的测试，那么复杂的应用程序又如何呢？尝试进行详尽的测试会消耗时间和金钱，但不会影响整体质量。正确的方法是使用标准的黑盒测试和白盒测试策略来优化测试用例的数量。

1.4.2.3 早期测试可以节省时间和降低成本

IBM 进行的一项研究表明，在设计阶段花费 1 美元修复的问题在测试阶段可能会花费 15 美元，如果在生产系统中检测到则高达 100 美元。早期测试也可以节省时间。单元测试和集成测试可以快速揭示设计缺陷，如果稍后在系统测试期间检测到这些缺陷，可能会导致严重的延迟。

1.4.2.4　缺陷聚集在一起

大多数人认为虽然这是神圣的命令，但它是基于 80%的用户使用该软件 20%的观察结果。正是这 20%的软件对缺陷造成的影响最大。这一原则可以帮助团队专注于软件中缺陷比较集中的领域。

1.4.2.5　谨防农药悖论

使用杀虫剂可以使害虫对其产生免疫力。类似地，使模块接受相同的测试用例可以使模块不受测试用例的影响。在测试复杂算法时，重复使用固定的一批测试用例，能发现的 bug 就越来越少，遗漏的 bug 就会越来越多，测试的有效性会随着时间不断衰减。例如，考虑一个资源调度软件，它根据任务的工作时间、时区和假期来调度任务的资源。测试人员编写了十个与调度相关的测试用例，经过四轮测试，所有测试用例都通过了。这是否意味着该模块没有缺陷？可能不会，因为需要四个周期才能清除十个错误。

1.4.2.6　测试是依赖于上下文的

每个应用程序都有自己的需求、功能和特性，为了检查不同类型的应用程序，将采用不同技术和测试方法，比如电子商务网站、即时交流软件等，所以，测试取决于应用程序的上下文。

1.4.2.7　谨防无错误谬误

零缺陷并不意味着软件成功解决了最终用户的问题。Linux 总是很少有错误，Microsoft Windows 却因其错误而臭名昭著。然而，大多数人使用 Microsoft Windows 操作系统，因为他们发现它更易于使用并能更好地解决问题。随着 Linux 开始关注最终用户体验，它如今正变得越来越主流。

1.4.3 软件测试发展趋势

在技术进步、开发方法不断变化和用户期望不断提高的推动下，软件测试的未来正在朝着以下方面发展：

人工智能（AI）和机器学习（ML）：AI 和 ML 通过自动执行重复任务、提供对测试覆盖范围的洞察以及预测潜在缺陷来改变软件测试。人工智能驱动的测试工具可以分析代码、识别模式并建议测试用例，从而减少测试所需的手动工作。

左移测试：测试越来越多地集成到软件开发生命周期（SDLC）的早期阶段，称为左移测试。这种方法可以更早地识别并解决缺陷，从而降低返工成本并提高整体质量。

持续测试和集成（CTI）：CTI 涉及将测试集成到持续集成（CI）管道中，实现持续反馈并确保软件在发展过程中保持稳定且无错误。这种方法促进早期缺陷检测和快速问题解决。

性能测试和监控：随着软件应用程序变得更加复杂并处理更大的数据量，性能测试和监控变得越来越重要。这些技术确保软件能够处理预期的工作负载并在不同的条件下保持响应能力。

用户体验（UX）测试：随着用户对直观和愉快的软件体验的期望不断提高，UX 测试变得越来越重要。用户体验测试的重点是评估软件的可用性和可访问性，以确保它满足用户的需求和期望。

安全测试：安全测试可保护软件免受网络攻击和数据泄露。此类测试的重点是识别和解决可能危及软件及其用户数据安全的漏洞。

基于云的测试：基于云的测试平台越来越受欢迎，提供可扩展且灵活的测试环境，可以满足不同的测试需求并支持持续的测试实践。

开源测试工具：开源测试工具变得越来越流行，为软件测试提供了经济高效且可定制的解决方案。这些工具使开发人员和测试人员能够根据特定的项目要求定制他们的测试流程。

自动化测试：自动化测试变得越来越复杂，可以实现复杂测试场景的自动化并减少手动测试工作的需要。这种自动化使测试人员能够专注于更具战略性和增值性的活动。

1.5 软件测试人员基本素质

作为一名优秀的软件测试人员，应该具有如下的能力：

1.5.1 技术能力

首先，测试人员需要精通技术。具有编程语言知识、故障排除等技术技能的测试人员可以在出现问题时更好地与开发人员沟通，并清楚地解释技术出现故障的原因和方式。软件测试人员还应该知道哪些测试需要手动执行，哪些测试应该在开发的哪个阶段自动执行。他们还应该能够使用适当的 QA 工具持续执行测试。

测试人员还应该具备专业领域知识，以充分了解最终用户将如何使用程序或应用程序。此外，他们必须了解准确描述问题的术语。根据所执行的测试类型，软件测试人员还需要学习其他技术技能。

1.5.2 好奇心

好奇心是软件测试人员绝对必要的特质。聘请能够跳出框框思考并寻找其他团队成员可能想不到的问题的人至关重要。他们需要对软件感到好奇并想要探索它的来龙去脉。

1.5.3 高性能

高性能的软件测试人员会寻求新的方法来解决问题，考虑非理想情况以及如何解决它们，并始终考虑环境条件。

1.5.4　分析思维

分析思维涉及能够评估软件并考虑其不同角度。顶尖的软件测试人员可以分析从测试过程中收集的数据并评估最佳的前进方向。分析思考者通过客户和开发人员的仔细反馈来构建智能测试解决方案。此外，优秀的软件测试人员会喜欢评估其他人的工作以生产高质量的产品。

1.5.5　沟通

任何技术专业人员都需要具备的最重要的软技能之一就是沟通。这对于团队合作以及与利益相关者的合作非常重要。特别是，软件测试人员必须经常在压力很大的情况下与开发人员、项目经理、客户和高管进行沟通。这些人员必须与高技术人员和非技术人员进行口头和书面沟通，倾听他们的担忧并适当解决它们。他们还应该能够将技术问题翻译成外行人可以理解的语言。能够完成所有这些工作的软件测试人员可以成为一名强大的团队合作者。

1.5.6　报告

测试人员在开发过程之前、期间和之后不断地编写报告。它们涉及跟踪项目状态、记录错误以及记录执行了哪些测试以及何时执行。他们还写出了测试条件、必须采取的步骤和结果。所有这些测试对于技术和非技术读者来说都必须清晰、连贯且可读。优秀的测试人员使用适当的文档有效且高效地进行报告。

1.5.7　风险评估能力

能够评估风险的软件测试人员的需求量很大。能够识别风险、分析风险并采取措施减轻风险的个人可以提高生产力和整体产品质量。由于大部分测试过程都依赖于降低风险，因此拥有具备此技能的人员至关重要。毕竟，对于这些专业人员来说，拥有良好的判断力非常重要，因为整个软件开发生命周期和过程都涉及风险。

1.5.8　时间管理

开发团队不断应对时间限制和快速交付产品的压力。因此，软件测试人员必须能够有效地管理他们的时间。能够确定任务优先级、自动化其他方面的测试并让团队保持在正轨上的人肯定会有助于改进开发过程和生产力。

第2章　软件测试过程与策略

软件开发过程的质量决定了软件的质量，同样，软件测试过程的质量将直接影响测试结果的准确性和有效性。软件测试过程和软件开发过程一样，都必须遵循软件工程原理，遵循管理学原理。在软件测试过程中，要根据被测软件的性质、规模和应用场合，测试进行的阶段选来取合适的测试策略，以最少的人力、物力资源投入得到最佳的结果。

2.1　软件测试过程

在软件开发的实践过程中，软件开发人员总结出了很多的开发模型用来指导软件开发的整个过程。软件开发模型能够清晰、直观地表达软件开发全过程，明确规定要完成的主要活动和任务。典型的软件开发模型有：瀑布模型（waterfall model）、渐增模型/演化/迭代（incremental model）、原型模型（prototype model）、螺旋模型（spiral model）、喷泉模型（fountain model）、智能模型（intelligent model）、混合模型（hybrid model）、快速软件开发（RAD）以及最近比较流行的 Rational 统一过程（RUP）等。但是在这些模型中，并没有充分体现软件测试在软件项目中的价值。显然，这些模型是不适合用来指导软件测试实践。而软件测试是与软件开发紧密相关的一系列有计划的系统性的活动，同样也需要有相应的模型来指导软件测试实践。

随着软件测试过程管理的发展，软件测试专家通过实践总结出了很多很好的测试过程模型。这些模型将测试活动进行了抽象，并与开发活动有机地进行了结合，是测试过程管理的重要参考依据。软件测试过程是一种抽象的模型，用于定义软件测试的流程和方法。典型的软件测试模型有：V 模型、W 模型、H 模型等。

2.1.1　软件测试过程的抽象模型

2.1.1.1　V 模型

V 模型最早是由 Paul Rook 在 20 世纪 80 年代后期提出的，V 模型在英国国家计算机中心文献中发布，目的在于改进软件开发的效率和效果。V 模型是软件开发瀑布模型的变种，它反映了测试活动与分析设计活动的关系，是最具有代表意义的测试模型，如图 2-1 所示。在图 2-1 中，从左到右描述了基本的开发过程和测试行为，图中的箭头代表了时间方向，左边下降的是开发过程各阶段，与此对应的是右边上升的部分及测试过程的各个阶段。V 模型非常明确地标注了测试过程中存在的不同类型的测试，并且清楚地描述了这些测试阶段和开发过程中各阶段的对应关系。

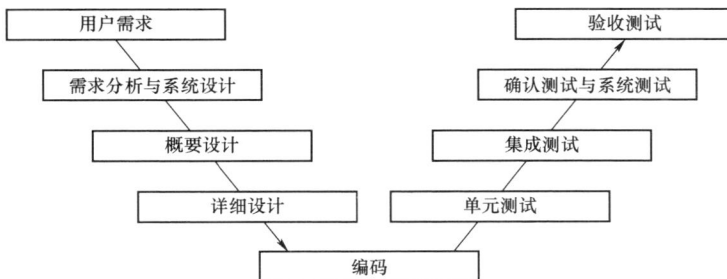

```
用户需求 ──────────────────────────── 验收测试
   │                                      ↑
需求分析与系统设计 ──────────────── 确认测试与系统测试
   │                                      ↑
概要设计 ──────────────────────────── 集成测试
   │                                      ↑
详细设计 ──────────────────────────── 单元测试
   │                                      ↑
        编码
```

图 2-1　软件测试 V 模型

在 V 模型的软件测试策略中既包括了底层测试又包括了高层测试，底层测试是为了保证源代码的正确性，高层测试是为了使整个系统满足用户的需求。V 模型指出，单元和集成测试应检测程序的执行是否满足软件设计的要求；系统测试应检测系统功能、性能的质量特性是否达到系统要求的指标；确认测试要追溯到软件需求说明书进行测试，以确定软件的实现是否满足软件需求说明书的要求；验收测试确定软件的实现是否满足用户需要或合同的要求。

但 V 模型存在一定的局限性，它仅仅把测试作为在编码之后的一个阶段，是针对程序进行测试来寻找错误的活动，而忽视了测试活动对需求分析、系统设计等活动的验证和确认的功能，没有明确地说明早期的测试，不能体现"尽早地和不断地进行软件测试"的原则。

2.1.1.2　W 模型

W 模型由 Evolutif 公司提出，相对于 V 模型，W 模型增加了软件各开发阶段中应同步进行的验证和确认活动。如图 2-2 所示，W 模型由两个 V 字型模型组成，分别代表测试与开发过程，图中明确表示出了测试与开发的并行关系。

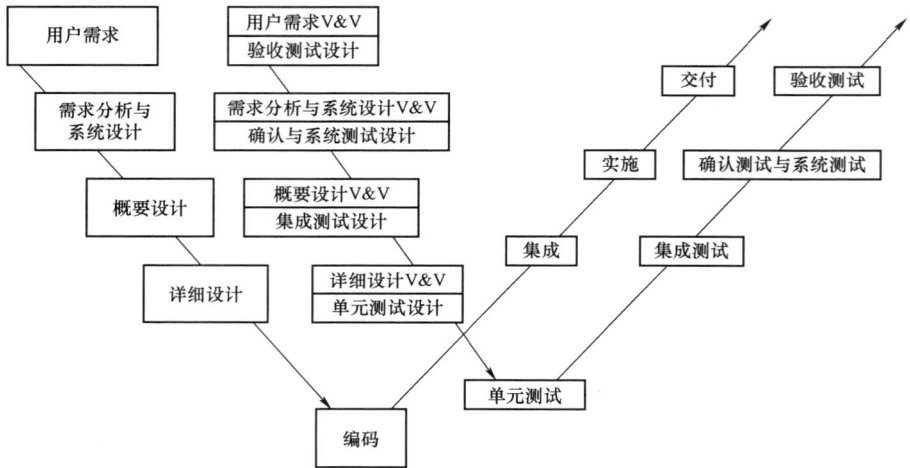

图 2-2　软件测试 W 模型

W 模型强调，测试伴随着整个软件开发周期，而且测试的对象不仅仅是程序，需求、设计等同样要测试，也就是说，测试与开发是同步进行的。W 模型有利于尽早地全面地发现问题。例如，需求分析完成后，测试人员就应该参与到对需求的验证和确认活动中，以尽早地找出缺陷所在。同时，对需

求的测试也有利于及时了解项目难度和测试风险，及早制定应对措施，这将
显著减短总体测试时间，加快项目进度。

但 W 模型也存在局限性。在 W 模型中，需求、设计、编码等活动被视
为串行的，同时，测试和开发活动也保持着一种线性的前后关系，上一阶
段完全结束，才可正式开始下一个阶段工作。这样就无法支持迭代的开发
模型。对于当前软件开发复杂多变的情况，W 模型并不能解除测试管理面临
的困惑。

2.1.1.3　H 模型

V 模型和 W 模型均存在一些不妥之处。如前所述，它们都把软件的开
发视为需求、设计、编码等一系列串行的活动，而事实上，这些活动在大部
分时间内是可以交叉进行的，所以，相应的测试之间也不存在严格的次序关
系。同时，各层次的测试（单元测试、集成测试、系统测试等）也存在反复
触发、迭代的关系。

为了解决以上问题，有专家提出了 H 模型。它将测试活动完全独立出来，
形成了一个完全独立的流程，将测试准备活动和测试执行活动清晰地体现出
来，如图 2-3 所示。

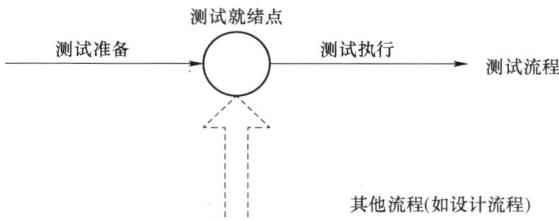

图 2-3　软件测试 H 模型

这个示意图仅仅演示了在整个生产周期中某个层次上的一次测试"微循
环"。图中标注的其他流程可以是任意的开发流程。例如，设计流程或编码
流程。也就是说，只要测试条件成熟了，测试准备活动完成了，测试执行活
动就可以（或者说需要）进行了。

H 模型揭示了一个原理：软件测试是一个独立的流程，贯穿产品整个生命周期，与其他流程并发地进行。H 模型指出软件测试要尽早准备，尽早执行。不同的测试活动可以是按照某个次序先后进行的，但也可能是反复的，只要某个测试达到准备就绪点，测试执行活动就可以开展。

2.1.1.4 其他模型

除上述几种常见模型外，业界还流传着其他几种模型，如 X 模型、前置测试模型等。X 模型提出针对单独的程序片段进行相互分离的编码和测试，此后通过频繁的交接，通过集成最终合成为可执行的程序，如图 2-4 所示。前置测试模型体现了开发与测试的结合，要求对每一个交付内容进行测试。这些模型都针对其他模型的缺点提出了一些修正意见，但本身也可能存在一些不周到的地方。所以在测试过程管理中，正确选取过程模型是一个关键问题。

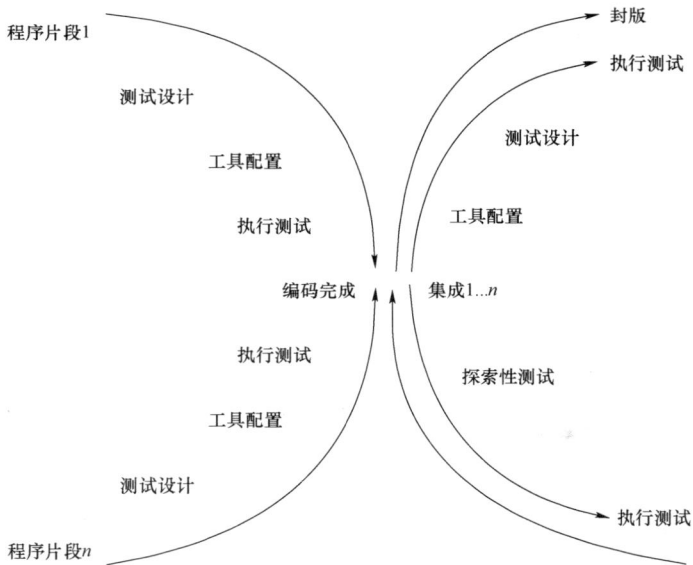

图 2-4 软件测试 X 模型

前面介绍的测试过程模型中，V 模型强调了在整个项目开发中需要经历的不同的测试级别，但忽视了测试的对象不应该仅仅是程序。而 W 模型在这一点上进行了补充，明确指出应该对需求、设计进行测试。但是 V 模型和 W 模型都没有将一个完整的测试过程抽象出来，成为一个独立的流程，这并不适合当前软件开发中广泛应用的迭代模型。H 模型则明确指出测试的独立性，也就是说只要测试条件成熟了，就可以开展测试。

在实际测试工作中我们应该尽可能地去应用各模型中对项目有实用价值的方面，不能强行为使用模型而使用模型。在测试实践中，我们一般采用的方法是以 W 模型作为框架，及早地、全面地开展测试。同时灵活运用 H 模型独立测试的思想，在达到恰当的就绪点时就应该开展独立的测试工作，同时将测试工作进行迭代，最终保证完成测试目标。

2.1.2　软件测试过程中的测试活动

软件测试过程包括四项基本活动：测试策划、测试设计与实现、测试执行、测试总结。

在测试策划中的活动是制定测试计划，以确定测试范围、测试策略和测试方法，规划测试任务日程表，对测试资源进行安排，提前评估测试风险，制定风险控制策略。

在测试设计与实现活动中将制定测试的技术方案、选择测试工具，根据测试技术方案设计测试用例。如果要进行自动化测试，还需要进行自动化测试脚本程序的开发。测试用例的设计可以通过部门审查来提高其质量。

在测试执行中的活动是建立相关测试环境、配置测试数据，按日程安排执行测试用例并记录测试执行结果，对发现的软件缺陷进行报告，并配合开发人员进行软件缺陷的分析、处理和追踪。

在测试总结活动中要对测试结果进行综合分析，以确定软件产品质量的当前状态，为产品的改进和发布提供数据和依据，同时编制测试报告，提交相关测试文档。

2.1.3　软件测试过程的人员组织

测试团队的组织直接关系到测试工作的效率，其组织方式由测试团队的规模、具体任务和技术来决定。一般来说，一个测试团队应该具以下这些基本角色。

QA（质量保证）/测试经理，负责人员招聘、培训、管理，资源调配，测试方法改进等。

实验室管理人员，负责配置和维护实验室的测试环境，主要是服务器和网络环境等。

内审员，负责审查流程，并提出改进流程的建议，建立测试文档所需的各种模板，检查软件缺陷描述及其他测试报告的质量等。

测试组长，负责项目的管理，测试技术的制定，项目文档的审查，测试用例的设计和审查，任务的安排，与项目经理、开发组长的沟通等。

测试设计人员/资深测试工程师，负责产品设计规格说明书的审查，测试用例的设计，技术难题的解决，新人和初级测试人员的培训和指导，实际测试任务的执行等。

一般（初级）测试工程师，负责执行测试用例和相关的测试任务。

对于规模比较大的测试团队，测试工程师分为初级测试工程师、测试工程师和资深测试工程师三个层次，同时设置自动化测试工程师、系统测试工程师和架构工程师。

对于规模很小的测试小组，因为人员有限，就有可能一个人要扮演不同的角色。比如，测试团队中没有设置测试经理，而只有测试组长，这时的测试组长将承担测试经理的部分责任，如参加招聘面试工作、资源管理和团队发展等工作。比如，资深工程师不仅要负责设计规格说明书的审查，测试用例的设计等，还要设置测试环境，即承担实验室管理人员的责任。

测试团队规模大小如何来确定是测试过程人员组织的一个方面。如果是针对一个项目建立测试小组，那么测试团队的规模相对比较容易确定。可以根据测试的范围来评估测试的工作量，进而就可以确定测试小组的人数。而对于长期存在的一个测试部门，其规模的确定相对比较困难，要考虑研发部门或工程部门的预算、产品路线图、项目交叉重叠、项目延迟等各种情况，一般在考虑各种因素的情况下还要再加上 10%～20% 的富余量。

测试团队的规模还可以从另一个角度去考虑，即在整个开发部门所占的比重，或相对开发人员所占的比例。从以往的经验来看，针对不同的应用，软件测试和软件开发人员的比例也是不同的，大致可以分为三类：

（1）操作系统类型的产品，对测试要求最高，测试人员与开发人员的比例为 2∶1。因为操作系统功能多，应用复杂，其用户的水平层次千差万别，但同时要求可靠性很高，支持各类硬件，并提供各种应用接口，所以测试的工作量非常大。如微软公司参与 Windows 2000 的开发人员是 900 人，而测试人员达 1 800 人。

（2）应用平台、支撑系统类型的产品，对测试要求比较高，不仅系统本身要运行在不同的操作系统平台上，还要支持不同的应用接口的应用需求，其测试人员与开发人员的比例要低些，测试人员与开发人员的比例通常在 1∶1 的水平。

（3）对于特定的应用系统一类的产品，由于用户对象清楚、范围小，甚至可以对应用平台或应用环境加以限制，所以测试人员可以再减少，但测试人员与开发人员的比例至少要保证在 1∶2 的水平之上。

软件测试人员的规模主要看产品质量的要求，这个比例应该在上述范围之内，即测试人员与开发人员的比例在 1∶2 到 2∶1 之间。如果超过这个范围就不合理了。国内不少软件公司测试工作开展不够规范，测试人员寥寥无几，或者就根本没有全职的专业测试人员，所开发出的软件产品质量根本无法保证。

随着软件企业规模的不断增大，必须建立专门的测试队伍。只有不持偏见的人才能提供不持偏见的度量，测试度量软件质量才真正有效，所以测试必须独立进行。Bill Hetzel《在软件测试指南大全》（1988）中写道："独立

27

的测试组织十分重要，因为：① 没有这样的一个组织，建立系统就不会理想；② 有效的度量对于产品质量控制是十分重要的；③ 测试协调需要全职、专门的人员投入。"

2.1.4 软件测试过程管理的原则

软件测试过程模型提供了软件测试的流程和方法，为测试过程管理提供了依据。但实际的测试工作是复杂而烦琐的，可能不会有哪种模型完全适用于某项测试工作。所以，应该从不同的模型中抽象出符合实际现状的测试过程管理原则，依据这些原则来策划测试过程。当然测试管理牵涉的范围非常的广泛，包括过程定义、人力资源管理、风险管理等，本节仅介绍几条从过程模型中提炼出来的，对实际测试有指导意义的管理原则。

2.1.4.1 尽早测试

尽早测试是从 W 模型中抽象出来的理念。测试并不是在代码编写完成之后才开展的工作，测试与开发是两个相互依存的并行的过程，测试活动在开发活动的前期已经开展。尽早测试包含两方面的含义：一是测试人员早期参与软件项目，及时开展测试的准备工作，包括编写测试计划、制定测试方案以及准备测试用例；二是尽早开展测试执行工作，一旦代码模块完成就应该及时开展单元测试，一旦代码模块被集成成为相对独立的子系统，便可以开展集成测试，一旦有 BUILD（构建）提交，便可以开展系统测试工作。

由于及早地开展了测试准备工作，测试人员能够在早期了解测试的难度、预测测试的风险，从而有效提高了测试效率，规避测试风险。由于及早地开展测试执行工作，测试人员尽早发现软件缺陷，大大降低了 BUG 修复成本。但是尽早测试并非盲目的提前测试活动，测试活动开展的前提是达到规定的测试就绪点。

2.1.4.2　全面测试

软件是程序、数据和文档的集合，那么对软件进行测试，就不仅仅是对程序的测试，还应包括软件"副产品"的全面测试，这是 W 模型中一个重要的思想。需求文档、设计文档作为软件的阶段性产品，直接影响到软件的质量。阶段产品质量是软件质量的量的积累，不能把握这些阶段产品的质量将导致最终软件质量的不可控。

全面测试包含两层含义：一是对软件的所有产品进行全面的测试，包括需求、设计文档，代码，用户文档等；二是软件开发及测试人员（有时包括用户）全面参与到测试工作中，例如对需求的验证和确认活动，就需要开发、测试及用户的全面参与，毕竟测试活动并不仅仅是保证软件运行正确，同时还要保证软件满足了用户的需求。

全面测试有助于全方位把握软件质量，尽最大可能排除造成软件质量问题的因素，从而保证软件满足质量需求。

2.1.4.3　全过程测试

在 W 模型中充分体现的另一个理念就是全过程测试。双 V 字过程图形象表明了软件开发与软件测试的紧密结合，这就说明软件开发和测试过程会彼此影响，这就要求测试人员对开发和测试的全过程进行充分的关注。

全过程测试包含两层含义：一是测试人员要充分关注开发过程，对开发过程的各种变化及时做出响应，如开发进度的调整可能会引起测试进度及测试策略的调整，需求的变更会影响到测试的执行等；二是测试人员要对测试的全过程进行全程的跟踪，如建立完善的度量与分析机制，通过对自身过程的度量，及时了解过程信息，调整测试策略。

全过程测试有助于及时应对项目变化，降低测试风险。同时对测试过程的度量与分析也有助于把握测试过程，调整测试策略，便于测试过程的改进。

2.1.4.4　独立的、迭代的测试

软件开发瀑布模型只是一种理想状况，为适应不同的需要，人们在软件开发过程中摸索出了如螺旋、迭代等诸多模型，在这些模型中需求、设计、编码工作可能重叠并反复进行的，这时的测试工作将也是迭代和反复的。如果不能将测试从开发中抽象出来进行管理，势必使测试管理陷入困境。

软件测试与软件开发是紧密结合的，但并不代表测试是依附于开发的一个过程，测试活动是独立的。这正是 H 模型所主导的思想。"独立的、迭代的测试"着重强调了测试的就绪点，也就是说，只要测试条件成熟，测试准备活动完成，测试的执行活动就可以开展。

所以，我们在遵循尽早测试、全面测试、全过程测试理念的同时，应当将测试过程从开发过程中适当抽离出来，作为一个独立的过程进行管理。时刻把握独立的、迭代测试的理念，减小因开发给测试管理工作带来的不便。对于软件过程中不同阶段的产品和不同的测试类型，只要测试准备工作就绪，就可以及时开展测试工作。

2.2　软件测试的方法

软件测试的方法和技术是多种多样的，可从不同的角度将其划分不同的类别。按照是否需要执行被测试软件，分为静态测试和动态测试。按照测试是否针对软件结构与算法，分为白盒测试和黑盒测试。按照测试不同的阶段，分为单元测试、集成测试、确认测试、系统测试、验收测试。还可以从测试人员的角度分为手动测试和自动测试，根据软件设计方法是否采用面向对象设计技术，软件测试又可分为传统测试方法和面向对象测试方法等。

2.2.1　静态测试与动态测试

2.2.1.1　静态测试

静态测试方法是指不运行程序，仅通过分析或检查软件文档或程序的语法、结构、过程、接口等来评审软件文档或程序，度量程序静态复杂度，检查软件是否符合编程标准，借以发现编写的程序的不足之处，减少错误出现的概率，检查程序的正确性，目的是为了收集有关程序代码的结构信息。静态测试又称静态分析，静态测试是对被测对象进行特性分析方法的总称。静态测试实际上是对软件中的需求说明书、设计说明书、程序源代码等进行非运行的检查，静态测试包括代码检查、符号执行、静态结构分析、需求确认、代码质量度量等。静态测试可以由人工进行，充分发挥人的逻辑思维优势，也可以借助软件工具自动进行。

代码检查包括桌面检查、代码检查、代码走查、代码审查等，主要检查代码和设计的一致性，代码对标准的遵循、可读性，代码的逻辑表达的正确性，代码结构的合理性等方面；可以发现违背程序编写标准的问题，程序中不安全、不明确和模糊的部分，找出程序中不可移植部分、违背程序编程风格的问题，包括变量检查、命名和类型审查、程序逻辑审查、程序语法检查和程序结构检查等内容。在实际使用中，代码检查比动态测试更有效率，能快速找到缺陷，发现 30%～70% 的逻辑设计和编码缺陷；代码检查看到的是问题本身而非征兆。但是代码检查非常耗费时间，而且代码检查需要知识和经验的积累。代码检查应在编译和动态测试之前进行，在检查前，应准备好需求描述文档、程序设计文档、程序的源代码清单、代码编码标准和代码缺陷检查表等。

静态结构分析主要是以图形的方式表现程序的内部结构，例如函数调用关系图、函数内部控制流图。其中，函数调用关系图以直观的图形方式描述一个应用程序中各个函数的调用和被调用关系；控制流图显示一个函数的逻辑结构，它由许多节点组成，一个节点代表一条语句或数条语句，连接结点的叫边，边表示节点间的控制流向。

软件的质量是软件属性的各种标准度量的组合。静态质量度量所依据的标准是 ISO/IEC 9126 国际标准，该标准中所定义的软件质量包括六个方面：功能性（Functionality）、可靠性（Reliability）、易用性（Usability）、效率（Efficiency）、可维护性（Maintainability）和可移植性（Portability）。以 ISO/IEC 9126 质量模型为基础，可以构造质量度量模型。具体到静态测试，这里主要关注的是可维护性。要衡量软件的可维护性，可以从四个方面去度量，即可分析性（Analyzability）、可改变性（Changeability）、稳定性（Stability）以及可测试性（Testability）。针对软件的可维护性，目前业界主要存在三种度量参数：Line 复杂度、Halstead 复杂度和 McCabe 复杂度。其中 Line 复杂度以代码的行数作为计算的基准。Halstead 以程序中使用到的运算符与运算元数量作为计数目标（直接测量指标），然后可以据以计算出程序容量、工作量等。McCabe 复杂度又称圈复杂度，它将软件的流程图转化为有向图，然后以图论来衡量软件的质量。在具体的实践中，专门的质量度量工具是必要的。没有工具的支持，这一步很难只靠人工完成。在这个阶段，比较专业的工具有 LDRA 公司的 Testbed、Telelogic 公司的 Logiscope 软件等。

静态测试的主要任务有：

（1）检查算法的逻辑正确性，检查表达式、语句是否正确，是否含有二义性。

（2）检查输入参数是否有合法性检查，检查模块接口的正确性，检查调用其他模块的接口是否正确。

（3）检查常量或全局变量使用是否正确，检查标识符的使用是否规范、一致，检查程序风格的一致性、规范性。

（4）检查是否设置了适当的异常处理。

（5）检查代码是否可以优化，算法效率是否最高，检查代码注释是否完整，是否正确反映了代码的功能。

　　静态测试通过程序静态特性的分析，找出欠缺和可疑之处。静态测试可以发现错用的局部变量和全局变量，未定义的变量、不匹配的参数，不适当的循环嵌套或分支嵌套、死循环、不允许的递归，调用不存在的子程序，遗漏标号或代码等错误。静态测试还可以找出从未使用过的变量、从未使用过的标号，不会执行到的代码，潜在的死循环，空指针的引用和可疑的计算等问题的根源等。静态测试结果可用于进一步查错，并为测试用例选取提供指导。

　　静态测试的基本特征是在对软件进行分析、检查和测试时不实际运行被测试的程序，它可以用于对各种软件文档进行测试，是软件开发中十分有效的质量控制方法之一。在软件开发过程中的早期阶段，由于可运行的代码尚未产生，不可能进行动态测试，而这些阶段的中间产品的质量直接关系到软件开发的成败与开销的大小，因此在这些阶段，静态测试的作用尤为重要。

2.2.1.2　动态测试

　　动态测试方法是指通过运行被测程序，检查运行结果与预期结果的差异，并分析运行效率和健壮性等性能，目的是检查程序的错误。动态测试包括功能确认与接口测试、覆盖率分析、性能分析、内存分析等。动态测试方法过程一般为：首先构造测试实例，然后执行程序，最后分析程序的输出结果。动态测试主要用于测试阶段，而静态测试主要用于需求和设计阶段。目前，动态测试也是软件公司测试工作的主要方式。

2.2.2　白盒测试与黑盒测试

2.2.2.1　白盒测试

　　白盒测试是指基于程序内部结构的分析、检测来寻找问题的方法，即基于覆盖全部代码、分支、路径、条件的测试，白盒测试又被称为结构测试或逻辑驱动测试。白盒测试是把测试程序看成装在一个透明的白盒子里，可以清楚地看到程序的结构和处理过程，测试人员依据程序内部逻辑结构相关信息，设计或选择测试用例，对程序所有逻辑路径进行测试，检查软件内部动作是否是按照设计说明书的规定正常进行，检查是否所有的结构都是正确的，检验程序中的每条路径是否都能按预定要求正确工作。

白盒测试的主要方法有代码检查法、静态结构分析法、静态质量度量法、逻辑覆盖法、基本路径测试法等，主要用于软件验证。白盒测试目前主要用在具有高可靠性要求的软件领域，如军工软件、航天航空软件、工业控制软件等。白盒测试是针对源代码进行的测试，工作量巨大并且枯燥，所以在选购白盒测试工具时应当主要考虑对开发语言的支持、代码覆盖的深度、嵌入式软件的测试、测试的可视化等。

白盒测试是穷举路径测试，所以在使用这一方案时，测试者必须检查程序的内部结构，从检查程序的逻辑着手，得出测试数据。贯穿程序的独立路径数是天文数字，但即使每条路径都测试了仍然可能有错误。因为，穷举路径测试决不能查出程序违反了设计规范，即程序本身是个错误的程序，穷举路径测试不可能查出程序中因遗漏路径而出错，穷举路径测试可能发现不了一些与数据相关的错误。

2.2.2.2 黑盒测试

黑盒测试是指不基于内部设计和代码的任何知识，而基于需求和功能性的测试，黑盒测试又被称为功能测试或数据驱动测试。黑盒测试是通过软件的外部表现来发现其缺陷和错误的，是把测试程序看成装在一个不透明的黑盒子里，不考虑程序的内部结构和处理过程。黑盒测试着眼于程序外部结构，不考虑内部逻辑结构，主要针对软件界面和软件功能进行测试，检查程序是否按照需求规格说明书的规定正常实现，是否能适当地接收输入数据而产生正确的输出信息，并且保持外部信息（如数据库或文件）的完整性。

黑盒测试的主要方法包括等价类划分法、边界值分析法、错误推测法、因果图法、判定表驱动法、正交试验设计法、功能图法等，主要用于软件确认测试。

黑盒测试是穷举输入测试，只有把所有可能的输入都作为测试情况使用，才能以这种方法查出程序中所有的错误。实际上测试情况有无穷多个，不仅要测试所有合法的输入，而且还要对那些不合法但是可能的输入进行测试。这样看来，完全测试是不可能的，所以我们要进行有针对性的测试，通过制定测试案例指导测试的实施，保证软件测试有组织、按步骤，以及有计划地进行。黑盒测试行为必须能够加以量化，才能真正保证软件质量，而测试用例就是将测试行为具体量化的方法之一。黑盒测试是从用户的角度，从输入数据与输出数据的对应关系出发进行测试的，那么如果外部特性本身有问题或规格说明的规定有误，用黑盒测试方法是发现不了的。

2.2.2.3　灰盒测试

有时候输出是正确的，但内部其实已经错误了，这种情况非常多，如果每次都通过白盒测试来操作，效率会很低，因此需要采取一种介于白盒测试和黑盒测试之间的测试方法，即灰盒测试。

灰盒测试关注输出对于输入的正确性，同时也关注内部表现，但这种关注不像白盒那样详细、完整，只是通过一些表征性的现象、事件、标志来判断内部的运行状态。灰盒测试结合了白盒测试和黑盒测试的要素，它考虑了用户端、特定的系统知识和操作环境，它在系统组件的协同性环境中评价应用软件的设计。

白盒测试在单元测试阶段进行，灰盒测试在集成测试前期进行，黑盒测试常在系统测试阶段进行。白盒测试更关注内部实现是否按照规格说明书进行，灰盒测试除了需要关注白盒测试关注的内容还更多从业务层面去考虑问题，考虑更多的组合测试业务场景。白盒测试更关注单个代码段，函数的正确性，灰盒测试的对象已经基本能完成一个完整的业务功能。灰盒测试的代码比较独立，不像白盒测试基本上和程序代码需要做到一一对应。灰盒测试和白盒测试都是需要通过代码来实现，要求测试人员具备较强的编程能力。黑盒测试是覆盖产品范围最广的测试，是灰盒测试无法取代的。但是灰盒测试是可以被黑盒替代的，只是代价比较大，需要很多的测试用例。

2.3　软件测试过程的不同阶段

　　软件开发过程是一个自顶向下，逐步细化的过程。对应软件开发过程所包含的各阶段，测试过程也划分为不同的阶段。但是测试过程是依照相反的顺序自底向上，逐步集成的过程，低一级的测试为上一级的测试准备条件。软件测试可分为单元测试、集成测试、确认测试、系统测试和验收测试等一系列不同的测试阶段，如图 2-5 所示。

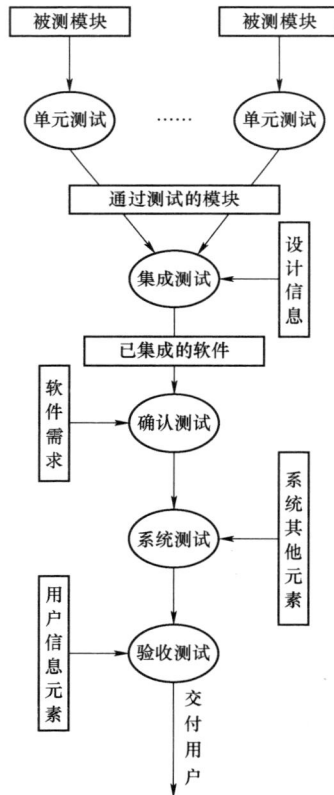

图 2-5　软件测试过程的不同阶段

首先是单元测试，集中对每一个程序模块进行测试，消除程序模块内部在逻辑上和功能上的错误和缺陷，确定各个程序模块实现规定的功能。其次，把已经测试过的模块组装起来进行集成测试，主要对与设计相关的软件体系结构的构造进行测试，检测和排除子系统（或系统）结构上的错误。随后再进行确认测试，确认测试是要检查已经实现的软件是否满足了需求规格说明中规定的各种需求，以及软件配置是否完全、正确。系统测试是把已经经过确认的软件投入运行环境，与其他系统成分组合在一起进行测试。严格来说，系统测试已经超出了软件工程的范围。最后是验收测试，这是软件在投入使用之前的最后测试，是购买者对软件的试用过程。在实际工作中，通常是采用请客户试用或发布 Beta 版软件来实现。

可以看出，软件测试完全逆向检测了软件开发的各个阶段，单元测试主要是测试程序代码，集成与确认测试主要是对设计的检测，系统测试主要测试了软件的功能，验收测试主要是对用户需求的一种检测。当然每个测试阶段仍要对其他测试阶段的测试内容加以测试，只是测试重点不同。

2.3.1　单元测试

按阶段进行测试（单元测试、集成测试、确认测试、系统测试和验收测试）是一种基本的测试策略，单元测试是在软件测试过程中进行的最早期的测试活动。在单元测试活动中，软件的独立单元是在与程序的其他部分相隔离的情况下进行测试。

2.3.1.1　单元测试的概念

单元测试是指针对软件设计的最小单位——程序模块来进行正确性检验的测试工作，其目的在于发现各模块内部可能存在的各种差错。单元测试又称模块测试，是在软件开发过程中要进行的最低级别的测试活动。单元测试的目标是要验证代码与设计是相符合的，跟踪需求与设计的实现，发现需求与设计中存在的问题，发现在编码中引入的错误。

2.3.1.2 单元测试的内容

单元测试的内容包括：模块接口测试，模块局部数据结构测试，模块边界条件测试，模块中所有独立执行通路测试，模块的各种错误处理测试，如图 2-6 所示。

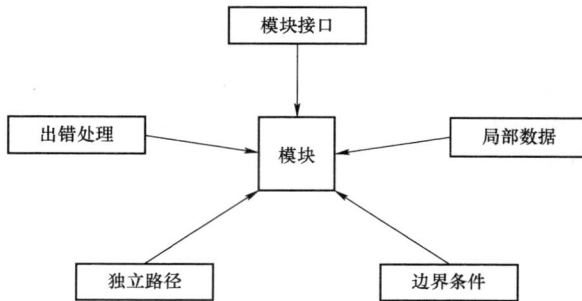

图 2-6 单元测试的内容

模块接口测试是单元测试的基础。只有在数据能正确流入、流出模块的前提下，其他测试才有意义。模块接口测试必须在任何其他测试之前进行。测试模块接口正确与否应该考虑下列因素：被测模块输入的实际参数与形式参数的个数是否相同、属性是否匹配、单位是否一致；被测模块调用其他模块时所给实际参数的个数与被调模块形参的个数是否相同、属性是否匹配、单位是否一致；调用预定义函数（内部函数）时所用参数的个数、属性和次序是否正确；在模块有多个入口的情况下，是否存在与当前入口点无关的参数引用；是否修改了只读型参数；对全局变量的定义各模块是否一致；是否把某些约束作为参数传递。

如果模块内包括外部输入输出，还应该考虑下列因素：文件属性是否正确；文件打开关闭语句格式是否正确；规定的 I/O 格式说明与 I/O 语句是否匹配，是否处理了 I/O 输出错误；缓冲区大小与记录大小是否匹配；文件使用前是否已经打开，在文件使用结束后是否关闭了文件；对文件结束条件的判断和处理是否正确；输出信息中是否有文字性错误。

检查局部数据结构是为了保证临时存储在模块内的数据在程序执行过程中完整、正确。局部数据结构往往是错误的根源，应仔细设计测试用例，力求发现的错误有：不正确或不一致的类型说明，不相容的数据类型，使用尚未赋值或尚未初始化的变量，错误的变量初值或默认值，变量名拼写或书写错误，出现上溢、下溢和地址异常。除了局部数据结构外，如果可能，在单元测试中还应该查清全局数据对模块的影响。

路径测试是单元测试中最主要的测试。在模块中应对每一条独立执行路径进行测试，单元测试的基本任务是保证模块中每条语句至少执行一次。此时设计测试用例是为了发现因错误计算、不正确的判定和不适当的控制流造成的错误。基本路径测试和循环测试是最常用且最有效的测试技术。常见的错误计算包括：误解或不正确使用运算符的优先次序，混合类型运算出错，变量初值错，算法出错，运算精度不够，表达式符号表示出错等。比较判断与控制流常常紧密相关，测试用例还应致力于发现下列错误：不同数据类型的对象之间进行比较，错误地使用逻辑运算符或优先级，期望理论上相等而实际上不相等的两个量相等（因计算机表示的局限性），比较运算或变量出错，循环终止条件或不正常或不存在，迭代发散时不能终止的循环，错误地修改了循环变量。

良好的设计应能预见软件投入运行后可能出现的各种错误，各种错误出现的条件，并给出相应的处理措施。错误处理测试的要点是检验在错误出现时，各种错误处理措施是否有效。错误处理测试应着重检查的问题包括：输出的出错信息难以理解；错误陈述中未能提供足够的定位出错信息；记录的错误与实际遇到的错误不一致；在程序自定义的出错处理段运行之前，系统已介入；例外条件（异常）处理不当。

边界条件测试是单元测试中最后，也是最重要的一项内容。众所周知，软件经常在边界上失效，采用边界值分析技术，针对边界值及其左、右设计测试用例，很有可能发现新的错误。边界条件测试时应主要考虑的情况包括：n 维数组的第一个、最后一个元素是否出错，循环处理的第一次、最后一次是否出错，判断或运算中取最大值和最小值时是否出错，数据流、控制流中刚好等于、大于或小于确定的比较值时是否出错等，还要注意一些可能与边界有关的数据类型如数值、字符、位置、数量、尺寸等，同时要注意这些边界的首个、最后一个、最大值、最小值、最长、最短、最高、最低等特征。边界条件测试是一项基础测试，也是后面系统测试中的功能测试的重点，边界测试执行得较好，可以大大提高程序健壮性。

2.3.1.3 单元测试的测试环境

一般认为单元测试是在编码阶段进行的，当源程序编制完成并通过编译、评审和验证，便可开始单元测试。应根据设计文档信息选取测试数据，设计出可以验证程序功能、找出程序错误的测试用例。在确定测试用例的同时，应给出期望结果。

单元测试的环境并不是系统投入使用后所需的真实环境，而是一个能满足单元测试要求的测试环境。因为模块并非独立存在的，所以在对每个模块进行单元测试时，要考虑被测模块和周围模块之间的相互关系，需要设置若干辅助模块来模拟与所测模块有关联的其他模块。辅助模块分为驱动模块（Driver）和桩模块（Stub）两种。驱动模块用来模拟所测模块的上级模块，相当于被测模块的主程序，它接收测试数据并将这些数据传递到被测试模块，被测试模块被调用后，输出相应的实测结果。桩模块又被称为存根模块，用来模拟所测模块工作过程中所调用的下级模块。桩模块一般只进行很少量的数据处理，因为只需检验被测模块与其下级模块的接口是否正确，不需要把下级模块所有的功能都带来。

所测模块与它相关的驱动模块及桩模块共同构成了一个测试环境，如图 2-7 所示。驱动模块和桩模块是测试时使用的软件，而不是软件产品的组成部分，并不需要作为最终的产品提供给用户，但它们的编写需要一定的工作量，这就给测试工作带来了额外的开销。特别是桩模块，不能只简单地给出"曾经进入"的信息。为了能够正确测试软件，桩模块可能需要模拟实际

下级模块的功能,这样桩模块的建立就不是很轻松了。若驱动模块和桩模块
比较简单,实际开销相对低些。

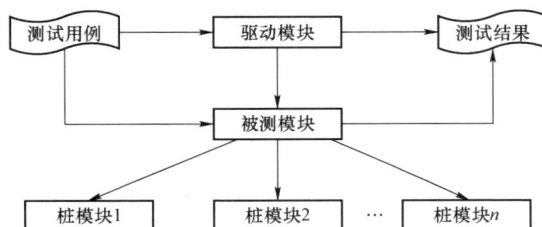

图 2-7　单元测试的环境

　　提高模块的内聚度,降低模块的耦合度可简化单元测试。如果每个模块
只能完成一种功能,所需测试用例数目将显著减少,模块中的错误也更容易
被发现和预测。

2.3.1.4　单元测试策略

　　单元测试的依据是详细设计描述,需要从程序的内部结构出发设计测试
用例,以便发现模块内部的错误,多个模块可以并行地独立进行单元测试。
在单元测试中多采用白盒测试技术,参与测试的主要人员大多数为开发人
员,因为它们对单元的结构非常了解。当然,技术背景较好或者开发系统软
件时可能会安排测试人员进行单元测试。为了提高单元测试的质量,还需要
选择合适的测试策略。单元测试策略的选择,主要考虑自顶向下的单元测试
策略,自底向上的单元测试策略,孤立的单元测试策略三种方式。

　　自顶向下的单元测试策略从最顶层开始,把顶层调用的单元用桩模块代
替,对顶层模块做单元测试。对第二层测试时,使用上面已测试的单元做驱
动模块,并为被测模块编写新的桩模块。依此类推,直至全部模块测试结束。
自顶向下的单元测试可以在集成之前为系统提供早期的集成途径,并且因为
自顶向下的测试在顺序上与详细设计一致,其测试工作可以与详细设计和编
码工作重叠进行。

　　自底向上的单元测试策略首先从模块调用图上的最底层模块开始,使用

41

驱动模块来代替调用它的上层模块，对底层模块做单元测试。然后再对上一层模块进行测试，使用上面已测试的单元做桩模块，并为被测模块编写新的驱动模块。依此类推，直至全部模块测试结束。

孤立的单元测试策略不考虑模块之间的关系，分别为每个模块单独设计桩模块和驱动模块，逐一完成所有单元模块的测试。单元测试中，桩模块开发的工作量相当大。为了减少编写桩模块的工作量，可以将自底向上的测试策略与孤立测试策略相结合。

另外，单元测试的启动越早越好。因为，从软件成本角度考虑，缺陷发现越早越好，加强单元测试力度有利于降低缺陷定位和修复难度，从而降低缺陷解决成本，同时加强单元测试也减轻了后续集成测试和系统测试的负担。

2.3.2　集成测试

在将所有功能基本独立的模块经过严格的单元测试之后，接下来就要进行集成测试了。

2.3.2.1　集成测试的概念

单元测试确保了程序模块内部的正确性。但是实践表明，一些模块虽然能够单独地工作，但并不能保证连接起来也能正常工作。程序在某些局部反映不出来的问题，在全局上很可能暴露出来，影响功能的实现。集成测试也叫组装测试或者联合测试，是在单元测试的基础上，将所有模块按照概要设计要求组装成为子系统或系统后的测试。依据集成程度的不同，可以把集成测试分为模块内的集成测试，子系统内的集成测试，子系统间的集成测试三个层次。

2.3.2.2　集成测试的内容

集成测试的主要内容是模块之间接口以及模块集成后实现的功能，具体包含：

（1）程序的功能测试。检查各个子功能组合起来能否满足设计所要求的功能。

（2）一个程序单元或模块的功能是否会对另一个程序单元或模块的功能产生不利影响。

（3）集成后，每个模块的误差累积起来，是否会放大，是否仍能够达到要求的技术指标。

（4）程序单元或模块之间的接口测试。把各个程序单元或模块连接起来时，数据在通过其接口时是否会出现不一致情况，是否会出现数据丢失。

（5）全局数据结构的测试。检查各个程序单元或模块所用到的全局变量是否一致、合理。

2.3.2.3　集成测试的测试环境

随着软件复用思想和各种软件构件技术的不断发展，可以基于不同平台使用不同技术开发现成构件来集成一个应用软件系统，这也使得软件的复杂性随之增加。集成测试环境的搭建远比单元测试环境要复杂得多。在做集成测试的过程中，需要利用一些专业的测试工具，必要时还要开发一些专门的接口模拟工具。

在搭建集成测试环境时，重点要考虑硬件环境、操作系统、数据库环境、网络环境等方面。硬件环境要尽可能接近实际的使用环境，因为硬件环境会影响软件的运行速度。测试时要考虑到实际环境中安装的各种具体操作系统，因为同一软件在不同的操作系统环境中的表现会有很大差别。要使软件产品能够满足更多用户的要求，就必须对用户常用的多种数据库环境都要进行测试，从而使软件产品得到更大的推广。集成测试的网络环境在构建时要考虑到实际实用的网络环境，一般用户所使用的网络环境都是以太网。对于要借助测试工具才能完成的集成测试，还需要搭建一个测试工具能够运行的环境。另外还要考虑到一些其他的环境，如 Web 服务器环境、浏览器环境等。

2.3.2.4　集成测试策略

集成测试过程中需要在单元测试的基础上，将所有模块按照设计要求组装成为系统或子系统。模块的集成方式是软件集成测试中的策略体现，其重要性是明显的，直接关系到测试的效率、结果等。软件集成的方式有很多种，每种方式都有其自身的优缺点，一般要根据具体的系统来决定采用哪种方式。集成测试中的基于分解的集成方式可以概括为两种，其一是一次性集成方式（非增量式集成方式），其二是增量式集成方式。

一次性集成方式，又被称为非增量式集成方式，整体拼装或大棒集成（Big-bang Integration），可以在最短的时间内把系统组装起来，使用最少的测试来验证整个系统。使用这种集成方式，首先分别对每个模块进行单元测试，再把所有模块按设计要求一次性集成在一起进行测试，最终得到满足要求的软件系统。

例如，有一个软件模块系统结构，如图 2-8（a）所示。其单元测试如图 2-8（b）所示，其中 s1、s2、s3、s4 是对各个模块做单元测试时建立的桩模块，d1、d2、d3、d4 是对各个模块做单元测试时建立的驱动模块。在完成模块单元测试的基础上，将各模块按照系统结构设计组装在一起进行测试，一次性集成测试如图 2-8（c）所示。

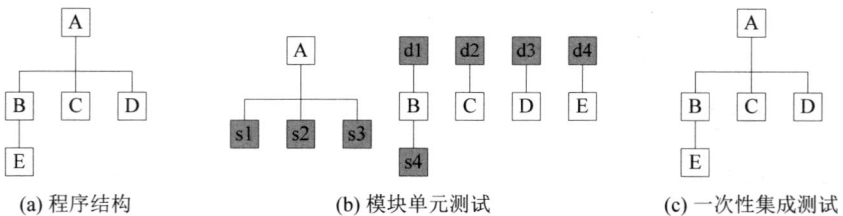

(a) 程序结构　　　　　　(b) 模块单元测试　　　　　　(c) 一次性集成测试

图 2-8　一次性集成测试

虽然一次性集成测试可以在短时间内完成测试，驱动模块和桩模块设计比较少，测试用例也是最少的，方法比较简单，并且多个测试人员并行工作，对资源利用较高。但由于程序中不可避免地存在模块间接口，全局数据结构等方面的问题，一次试运行成功的可能性不大。结果是模块接口测试不充分，发现错误难以定位，难以修改。所以，一次性集成测试比较适合小型项目和维护型项目，并且一般不会单独使用。

非增量式集成测试的方法是先分散测试，然后集中起来再一次完成集成测试。假如在模块的接口处存在错误，只会在最后的集成测试时一下子暴露出来。增量式集成测试是逐步集成和逐步测试的方法，把可能出现的差错分散暴露出来，便于找出问题和修改。而且一些模块在逐步集成的测试中，得到了较多次的考验，可能会取得较好的测试效果。因此，增量式集成测试要比非增量式集成测试具有一定的优越性。

增量式集成方式，又被称为增殖式集成或渐增式组装。使用这种集成方式，首先对一个个模块进行单元测试，然后将这些模块逐步组装为较大的系统，在组装的过程中边连接边测试，以发现连接过程中产生的问题，最后通过增殖逐步组装成为要求的软件系统。增量式测试的集成是逐步实现的，逐次将未曾集成测试的模块和已经集成测试的模块（或子系统）结合成程序包，再将这些模块集成为较大系统，直至整个系统。按照不同的集成实施次序，增量式集成又可以分为自顶向下增量式集成，自底向上增量式集成和混合增量式集成三种不同的方式。

1. 自上而下增量式集成

采用了和设计一样的顺序，将模块按系统程序结构沿控制层次自上而下进行集成。模块集成的顺序是首先集成主控模块（主程序），然后依照控制层次结构向下进行集成。从属于主控模块的按深度优先方式（纵向）或者广度优先方式（横向）集成到结构中去。深度优先方式首先集成在结构中的一个主控路径下的所有模块，主控路径的选择是任意的。广度优先方式首先沿着水平方向，把每一层中所有直接隶属于上一层的模块集成起来，直到底层。

测试的整个过程由 3 个步骤完成：① 主控模块作为被测模块兼驱动模块，所有属于主模块的下层模块全部用桩模块替换，对主模块进行测试。② 根据集成的方式（深度或广度），下层的桩模块一次一次地被替换为实际模块，与已测试的模块或子系统组装成新的子系统。③ 重新测试以前发现问题的子系统（回归测试），排除集成过程中隐藏的缺陷或错误。重复第 2 步，直到整个系统被测试完成。

例如，软件模块系统结构如图 2-8（a）所示，其深度优先的自顶向下增量式集成如图 2-9 所示，广度优先的自顶向下增量式集成如图 2-10 所示。其中 s1、s2、s3、s4 为测试时建立的桩模块，集成组装的顺序为自左向右，自上而下。

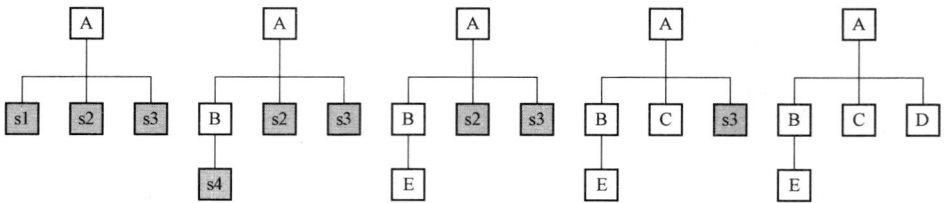

图 2-9　深度优先的自顶向下增量式集成

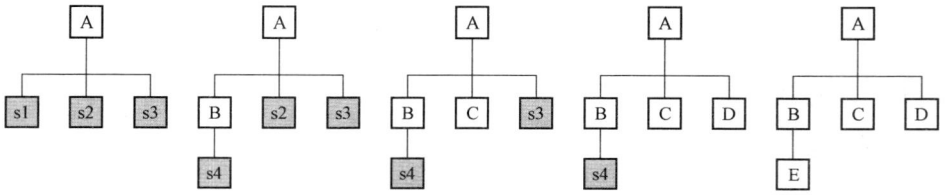

图 2-10　广度优先的自顶向下增量式集成

在图 2-9 所示的深度优先的自顶向下增量式集成方式测试过程中，首先配以桩模块 s1、s2、s3，对顶层主模块 A 进行单元测试。模块 A 下层的桩模块 s1 被替换为实际模块 B，配以桩模块 s4，重新组装成新的子系统进行测试。模块 B 下层的桩模块 s4 被替换为实际模块 E，重新组装成新的子系统进行测试。模块 A 下层的桩模块 s2 被替换为实际模块 C，重新组装成新的子系统进行测试。模块 A 下层的桩模块 s3 被替换为实际模块 D，组装成整个系统进行测试。

这种增量集成方式在测试过程中较早地验证了主要的控制和判断点，它可以自然地做到逐步求精，一开始就能让测试者看到系统的框架。在一个功能划分合理的程序结构中，判断常出现在较高的层次，较早就能遇到。如果主要控制有问题，尽早发现它能够减少以后的返工。自顶向下增量式集成测试最多只要一个驱动，从而减少了驱动开发的费用。深度优先的自顶向下增量式集成测试，可以首先实现和验证一个完整的软件功能，功能可行性较早得到证实，还能够给开发者和用户带来成功信心。同时，自顶向下增量式集成测试支持故障隔离。

但是，在自顶向下增量式集成测试中，需要建立桩模块，桩模块的开发和维护需要很大的开销，因为要使桩模块能够模拟实际子模块的功能是比较复杂的。而且在自顶向下增量式集成测试中，底层模块行为的验证被推迟了，而涉及复杂算法和真正输入/输出的模块一般在底层，它们是最容易出问题的模块，到组装和测试的后期才遇到这些模块，一旦发现问题，导致过多的回归测试，并且随着底层模块的增加，整个系统变得越来越复杂，导致底层模块的测试不充分，尤其是那些被重用的模块。

自顶向下增量式集成测试适用于产品控制结构比较清晰和稳定，产品的高层接口变化较小，产品的底层接口未定义或经常可能被修改，需要尽早验证产品的控制组件的技术风险，希望尽早能够看到产品的系统功能行为等项目。

2. 自底向上增量式集成

从程序模块结构的最底层的模块开始，按照模块调用结构，逐层向上集成。自底向上增量式测试的工作是按结构图自下而上进行的，从最底层模块开始集成和测试。

由于是从最底层开始集成，对于一个给定层次的模块，它的子模块（包括子模块的所有下属模块）已经集成并测试完成，所以不再需要使用桩模块进行辅助测试，在模块的测试过程中需要从子模块得到的信息可以直接运行子模块得到。

测试的整个过程由 2 个步骤完成：① 建立驱动模块，对最底层模块进行测试，多个底层模块可以并发测试。② 用实际模块代替驱动模块，与已经测试过的直接下级模块组装成为一个更大的子系统进行测试；重复第 2 步，直到系统的最顶层模块纳入已测试的系统中。

例如，软件模块系统结构如图 2-8（a）所示，其自底向上增量式集成如图 2-11 所示。其中 d1、d2、d3、d4 为测试建立的驱动模块，集成组装的顺序为自左向右。由图 2-2（a）可以看出，结构中的最底层模块为模块 E、C、D 三个模块，它们不再调用其他模块，只需配以驱动模块 d1、d2、d3 来分别模拟模块 B、A 对它们的调用。这三个单元测试完成之后，用实际模块 B 代替模块 E 的驱动模块，将模块 B 和 E 组装起来，配以驱动模块 d4 进行部分集成测试。最后用实际模块 A 代替模块 B、C、D 的驱动模块，完成整体的集成测试。

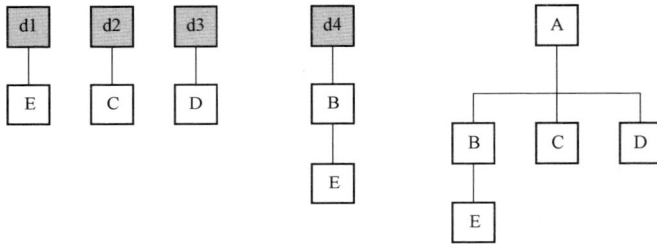

图 2-11　自底向上增量式集成

自底向上增量式集成测试方式不需要桩模块，因为模块是自底向上进行组装的，对于一个给定层次的模块，它的子模块（包括子模块的所有下属模块）事前已经完成组装并经过测试。建立驱动模块一般比建立桩模块容易。而且在自底向上增量式集成测试中，允许对涉及复杂算法和真正输入/输出的底层模块行为进行早期验证，可以把最容易出问题的部分在早期解决。并且这种测试方式可在任一底层模块就绪的情况下进行集成测试，在工作的最初能够进行多个模块的并行集成和测试，在这一点上比使用自顶向下的策略效率高。与自顶向下增量式集成测试一样支持故障隔离。

但是，在自底向上增量式集成测试中，驱动模块开发的工作量很庞大，而且对高层的验证被推迟到最后，直到最后一个模块被加进去之后才能看到整个程序（系统）的框架，设计上的错误不能及时发现。也就是说，在自底向上组装和测试的过程中，程序一直未能作为一个实体存在，直到最后一个模块加上去后才形成一个实体，对主要的控制直到最后才接触到。并且随着集成的逐步上升，整个系统变得越来越复杂，对于底层模块的一些异常很难覆盖。

自底向上增量式集成测试方式适用于底层接口比较稳定，高层接口变化比较频繁，底层组件较早被完成的产品项目，是最常使用的方法。

3. 混合增量式集成

混合增量式把自顶向下增量式集成和自底向上增量式集成这两种方式结合起来，这样可以兼具两者的优点，而摒弃其缺点。对软件结构中较上层，使用的是自顶向下集成方式；对软件结构中较下层，使用的是自底向上集成方式。三明治集成（Sandwich Integration）就是一种混合增量式集成方法，将系统分为三层，中间层称为目标层。三明治集成测试中，对目标层上面的层次使用自顶向下集成测试，对目标层下面的层次使用自底向上集成测试。例如，仍以如图 2-8（a）软件模块系统结构为例，其目标层为模块 B、C、D，对应的三明治集成测试过程如图 2-12 所示。其中 s1、s2、s3 为测试建立的桩模块，d1、d2 为测试建立的驱动模块。首先，对目标层的上层模块 A 使用自顶向下集成测试，测试 A，使用桩模块 s1、s2、s3 替代 B、C、D 模块；然后，对目标层的下层模块 E 使用自底向上集成测试，测试 E，使用驱动模块 d1 替代 B 模块；其次，把目标层与其下层模块集成进行测试，即集成模块 B 和模块 E 进行测试，使用驱动模块 d2 替代 A 模块；最后，把目标层与其上层和下层集成到一起进行最终的测试。

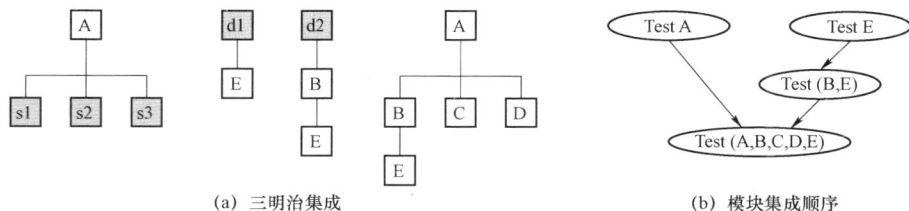

(a) 三明治集成　　　　　　　　　　　(b) 模块集成顺序

图 2-12　三明治集成策略示意图

虽然三明治集成方式综合了自顶向下和自底向上的集成方式的优点，但在真正集成之前中间层（目标层）的测试不充分，并非所有的中间层模块被完全测试。为了克服三明治集成测试中不能充分测试中间层的缺点，尽可能提高测试的并行性，可以对三明治集成方式加以改进。改进的三明治集成测试策略如下：

对目标层、目标层上面一层、目标层下面一层进行并行测试。其中目标层上面一层采用自顶向下的集成策略，目标层下面一层采用自底向上的集成策略，目标层采用独立测试策略（需要驱动模块和桩模块）。并行测试目标层与其上面一层的集成和目标层与其下面一层的集成。

例如，有一个软件模块系统结构，如图 2-13（a）所示。其三明治模块集成顺序如图 2-13（b）所示，改进的三明治模块集成顺序如图 2-13（c）所示。

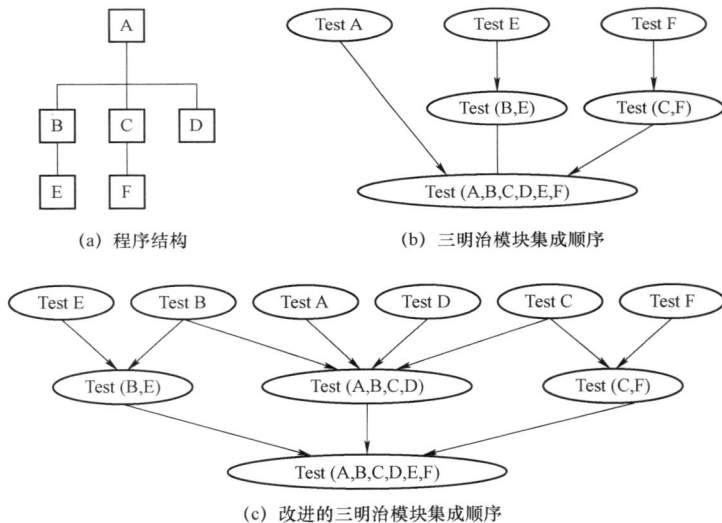

(a) 程序结构 (b) 三明治模块集成顺序

(c) 改进的三明治模块集成顺序

图 2-13　三明治集成与改进的三明治集成对比示意图

改进的三明治集成方法，不仅自两头向中间集成，而且保证每个模块得到单独的测试，使测试进行得比较彻底，同时测试的并行度比较高，适合大多数软件开发项目。

除了以上几种集成测试策略之外，还有基于功能的集成、基于调用图的集成、基于路径的集成、基于进度集成、基于风险的集成、基于消息（事件）的集成、基于使用的集成、基干集成、分层集成、高频集成、客户/服务器的集成、分布式集成等。

上述的集成测试策略主要考虑集成测试过程中程序模块的集成方式，具体到集成测试中程序的功能测试，还要注意到集成测试中的功能测试是区分于单元测试中的功能测试的。单元测试中功能测试目的是保证所测试的每个独立模块在功能上是正确的，主要从输入条件和输出结果进行判断。集成测试前后的功能测试，不仅考虑模块之间的相互作用，而且考虑系统应用环境，其衡量标准是实现产品规格说明书上所要求的内容。集成测试中的功能测试多采用黑盒测试的方法，有时也可辅助使用白盒测试。具体的方法有等价类划分法、边界值分析法、错误推测法、因果图法、组合分析法等。

在实际集成测试过程中，一般不会选择所有的集成测试策略，也不会只能采取一种集成测试策略，通常需要根据被测对象的体系结构层次分析、模块分析、接口分析、风险分析、可测试性分析、人力分析、测试环境分析以及测试进度分析等的结果，将多种策略有机地结合起来，完成对被测软件的集成测试。要尽可能花费最小的成本，取得最大的测试效果。一个好的集成测试策略应该具备的特点有：首先，能够对被测对象进行比较充分的测试，尤其是对关键模块的测试。其次，能够使模块与接口的界限清晰，尽可能减小后续操作的难度，同时使需要做的辅助工作量（如桩模块与驱动模块的开发和维护）尽可能地小。最后，相对于整体工作量来说，需要投入的集成测试资源大致合理，参加测试的各种资源，如人力、环境、时间等都能够得到充分利用。

集成测试应由专门的测试小组来进行，测试小组由有经验的系统设计人员和程序员组成。整个测试活动要在评审人员出席的情况下进行。做完集成测试工作之后，测试人员应负责对测试结果进行整理分析，形成测试报告。测试报告中要记录实际的测试结果在测试中发现的问题、解决这些问题的方法以及解决之后再次测试的结果。此外还应提出目前不能解决、还需管理人员和开发人员注意的一些问题，提供测试评审和最终决策，以提出处理意见。集成测试结束时需要提交的文档有集成测试计划、集成测试规格说明和集成测试分析报告。

2.3.3 确认测试

集成测试完成以后，分散开发的模块被连接起来，构成完整的程序。其中各模块之间接口存在的种种问题都已消除，于是测试工作进入确认测试阶段。什么是确认测试，说法众多，其中最简明、最严格的解释是检验所开发的软件是否能按顾客提出的要求运行。即，确认测试是为了验证软件的功能和性能及其他特性是否与用户的要求一致而进行的测试。对软件的功能和性能要求在软件需求规格说明中已经明确规定。确认测试是对集成测试结果的检验，主要目的是尽可能排除单元测试、集成测试中发现的错误。确认测试一般包括有效性测试和软件配置复查，确认测试一般由独立的第三方测试机构进行。

有效性测试是在模拟的环境下，运用一系列证明软件功能和性能要求一致的黑盒测试方法，验证所测软件是否满足需求规格说明书列出的需求。为此，需要首先制定测试计划，规定要做测试的种类，还需要制定一组测试步骤，以及具体测试用例的描述。在软件需求规格说明中描述了全部用户可见的软件属性，其中有一节叫作有效性准则，它包含的信息就是软件有效性测试的基础。

通过实施预定的测试计划和测试步骤，确定软件的特性是否与需求相符，确保所有的软件功能需求都能得到满足，所有的软件性能需求都能达到，所有的文档都是正确且便于使用的。同时，对其他软件需求，例如可移植性、可靠性、易用性、兼容性、可维护性等，也都要进行测试，确认是否满足。在所有的有效性测试的测试用例运行完后，应该为被测软件给出结论性的测试结果，有效性测试的测试结果可以分为两类：

（1）测试结果与预期的结果相符。这说明软件的这部分功能或性能特征与需求规格说明书相符，是合格的，从而接受了这部分程序。

（2）测试结果与预期的结果不符。这说明软件的这部分功能或性能特征与需求规格说明不一致，因此要为它提交一份问题报告（缺陷问题清单）。

对于第二种情况，通常可能与软件需求分析阶段的差错有关，往往很难在交付期以前把发现的问题纠正过来。这就需要开发部门和用户进行协商，解决所发现的缺陷和错误。

软件配置审查工作是确认测试过程的重要环节。软件配置复查的目的是保证软件配置的所有成分都齐全，各方面的质量都符合要求，具有维护阶段所必需的细节，而且已经编排好分类的目录。配置审查的文件资料包括用户所需的用户手册、操作手册和设计资料（如设计说明书、源程序以及测试说明书、测试报告等）。在确认测试的过程中，应当严格遵守用户手册和操作手册中规定的使用步骤，以便检查文档资料的完整性和正确性。如果发现问题，必须仔细记录发现的遗漏和错误，并且适当地补充和改正。

确认测试结束时应交付的文档有确认测试分析报告、最终的用户手册和操作手册、项目开发总结报告。

2.3.4　系统测试

软件只是计算机系统中的一个组成部分，软件开发完成之后，最终还要和系统中的其他部分配套运行。这里所说的系统组成部分除去软件外，还可能包括计算机硬件及其相关的外围设备、数据及其收集和传输机构、掌握计算机系统运行的人员及其操作等，甚至还可能包括受计算控制的执行机构。因此，系统在投入运行前要将软件纳入实际运行环境中，与其他系统成分组合在一起进行系统测试，以保证各组成部分不仅能单独得到检验，而且在系统各部分协调工作的环境下也能正常工作。显然，系统测试超出了软件工程范围。然而，软件在系统中毕竟占有相当重要的位置，软件的质量如何，软件的测试工作进行得是否扎实势必与能否顺利、成功地完成系统测试关系极大。

2.3.4.1　系统测试的概念

系统测试是将通过确认测试的软件，作为整个基于计算机系统的一个元素，与计算机硬件、外设、某些支持软件、数据和人员等其他系统元素结合在一起，在实际运行（使用）环境下，对计算机系统进行一系列的严格有效的测试来发现软件的潜在问题，保证系统的运行。系统测试的目的在于通过与系统的需求定义作比较，发现软件与系统的定义不符合或与之矛盾的地方，以验证软件系统的正确性和性能等满足其规约所指定的要求，最终确保软件产品能被用户操作者接受。

系统测试通常并不由系统开发人员或系统开发组织来承担，而是由软件用户或软件开发机构委托独立测试机构来完成。系统测试应该按照测试计划进行，其输入、输出和其他动态运行行为应该与软件规约进行对比，同时还要测试软件的强壮性和易用性，是针对系统中各个组成部分进行的综合性检验。如果软件规约（即软件的设计说明书、软件需求说明书等文档）不完备，系统测试更多的是依赖测试人员的工作经验和判断，那么这样的测试显然是非常不充分的。

2.3.4.2　系统测试的内容

系统测试应该由若干个不同测试组成，要充分运行系统来验证系统各组成部分是否能正常工作并完成所赋予的任务。这里的系统不仅仅包括软件本身，而且还包括计算机硬件及其相关的外围设备、实时运行的大批量数据、非正常操作（如黑客攻击）等。测试人员在做系统测试分析时，应该从系统功能层、应用层、用户层、协议层等几个层次入手，来设计系统测试的测试用例，并在实际使用环境下运行。系统测试一般要完成的测试有：

功能测试（Functionality Test）是系统测试中最基本的测试。其主要目的是为了验证系统功能是否满足用户需求和系统设计的隐式需求，系统中是否存在不正确的、冲突的或遗漏的功能，系统能否正确接受输入、正确输出结果。它不考虑软件内部的具体实现过程，不再对软件的源代码进行分析和测试，属于黑盒测试范畴。功能测试应该对产品的需求规格说明进行分析，明确功能测试的重点。

对于实时或嵌入式系统，系统有时满足了功能要求，但未必能够满足性能要求，如某个网站可以被访问，而且可以提供预先设定的功能，但每打开一个页面都需要 1~2 分钟，用户是无法忍受的。性能测试（Performance Testing）主要用于实时系统和嵌入式系统，是用来检验软件在集成系统中运行性能的测试，从而得到系统运行速度、响应时间、占用系统资源等方面的系统数据，目标是度量系统的性能和预先定义的目标的差距。

压力测试（Stress Testing）又称强度测试、负载测试，是在系统资源超负荷的情况下观察系统运行情况的测试，是一个非常重要的性能测试。压力测试是模拟实际应用的软硬件环境及用户使用过程的系统负荷，长时间或超大负荷地运行测试软件以查看应用程序在峰值使用情况下如何执行操作。典型的压力测试实例是当系统同时接收极大数量的用户和用户请求时，测试系统的应对能力。压力测试包括并发性能测试、疲劳强度测试、大数据量测试等内容。压力测试有助于确认被测系统是否能够支持性能需求，以及预期的负载增长等。压力测试不只是关注不同负载场景下的响应时间等指标，它也要通过测试来发现在不同负载场景下会出现的，例如速度变慢、内存泄漏等问题的原因。压力测试的目的就是在软件投入使用以前或软件负载达到极限以前，通过执行可重复的负载测试，测试系统所能承受的并发用户量、运行时间、数据量等，以确定系统所能承受的最大负载压力，了解系统可靠性、稳定性、性能瓶颈等，以提高软件系统的可靠性、稳定性，减少系统的宕机时间和因此带来的损失。

容量测试（Volume Testing）是面向数据的，是在系统正常运行的范围内确定系统能够处理的数据容量的测试，主要目的是检测系统可以处理目标内确定的数据容量。容量测试预先分析出反映软件系统应用特征的某项指标的极限值，如某个 web 站点可以支持多少个并发用户的访问量、网络在线会议系统的与会者人数。知道了系统的实际容量，如果不能满足要求，就应该寻求新的解决方案，以提高系统的容量。若一时没有新的解决方案，就有必要在产品发布说明书上明确这些容量的限制，避免引起软件产品使用上的纠纷。如果实际容量已满足要求，就能帮助用户建立对产品的信心。

健壮性测试（Robustness Testing）又称容错测试，用于测试系统在出现故障时，是否能自动恢复或忽略故障继续运行，一般采用软件故障插入测试（Software Fault Insertion Testing，SFIT）方法进行测试。首先要通过各种手段，让软件强制性发生故障，然后验证系统是否能尽快恢复。对于自动恢复需验证重新初始化、检查点、数据恢复和重新启动等机制的正确性；对于人工干预的恢复系统，还需估测平均修复时间，确定是否在可接受的范围内。

兼容性测试（Compatibility Testing）是检验被测的应用系统对其他系统的兼容性而进行的测试。兼容性测试一般要考虑的问题有：当前系统可能在哪些不同硬件配置的环境上运行，可能在哪些不同的操作系统环境下运行，可能与哪些不同类型的数据库进行数据交换，可能需要与哪些软件系统协同工作，以及协同工作的软件系统可能的版本，等等。

安全性测试（Security Testing）是为了验证系统的保护机制是否能抵御入侵者的攻击而进行的测试，检查系统对非法侵入的防范能力。安全测试期间，测试人员假扮非法入侵者，采用各种办法试图突破防线。系统安全设计的准则是，使非法侵入的代价超过被保护信息的价值。保护测试（Protection Testing）是常见的一种安全测试，主要用于测试系统的信息保护机制。

易用性测试（Usability Testing）是检验用户在理解和使用系统方面是否方便而进行的测试。易用性测试是面向用户的系统测试，包括对被测系统的系统功能、系统发布、帮助文本和过程等的测试。

GUI 测试（Graphic User Interface Testing）与易用性测试有所重复，但 GUI 测试更关注对图形界面的测试。GUI 测试主要包括两方面：一是界面实现与界面设计要符合，二是界面处理事件要正确。

在线帮助测试（Online Help Testing）是为了检验系统实时在线帮助的可操作性和准确性而进行的测试。

失效恢复测试（Recovery Testing）是为了检验系统从软件或硬件失效中恢复的能力而进行的测试。失效恢复测试采用各种人为干预的方式使软件出错，造成人为的系统失效，进而检验系统的恢复能力。如果系统本身能够自动地进行恢复，则应检验：重新初始化，检验点设置机构、数据恢复以及重新启动是否正确。如果这一恢复需要人为干预，则应考虑平均修复时间是否在限定的范围以内。

备份测试（Backup Testing）是失效恢复测试的补充，目的是验证系统在软件或硬件失效时备份其数据的能力。

数据转换测试（Data Conversion Testing）是为了确保系统环境升级时能够正常使用以前的数据而进行的测试，目标在于验证已存在数据的转换并载入一个新的数据库是否有效。

文档测试（Documentation Testing）是对系统提交给用户的文档进行的测试，目的是验证用户文档的正确性并保证操作手册的过程能正确工作。

安装测试（Installation Testing）是为了验证成功安装系统的能力而进行的测试。打包产品和测试安装产品是软件及系统开发的最后一个环节，清晰并简单的安装过程同时也是系统文档中最重要的部分。

协议测试（Protocol Conformance Testing）主要用于分布式系统。因为分布式系统中的很多功能是通过多台计算机互相协作来实现的，多台计算机之间需要进行信息交换，计算机之间要通信就要制定并遵循一定的规则，即协议。在系统测试过程中，要对这些协议进行测试，通常包括：协议一致性测试，协议性能测试，协议互操作性测试和协议健壮性测试。

在实际软件项目的开发中，系统测试常常不是十分正式，测试的主要目标不再是找出缺陷，而是确认其功能和性能。很多软件组织，尤其是中小型软件组织经常在产品交付日期截止之前压缩系统测试的时间，这种做法是不正确的，应该要对系统测试给予足够的重视。

2.3.5　验收测试

在软件交付使用之后，用户将如何实际使用程序，对于开发者来说是无法预测的。因为用户在使用过程中常常会发生对使用方法的误解、异常的数据组合，以及产生对某些用户来说似乎是清晰的但对另一些用户来说却难以理解的输出等。

当软件是为特定用户开发的时候，需要进行一系列的验收，让用户验证所有的需求是否已经满足。这些测试是以用户为主，而不是以系统开发者为主进行的。验收测试是在软件产品完成了系统测试之后、产品发布之前所进行的软件测试活动，它是技术测试的最后一个阶段，通过了验收测试，产品就可以进入发布阶段。验收测试一般根据产品规格说明书严格检查产品，逐行逐字地对照说明书上对软件产品所作出的各方面要求，确保所开发的软件产品符合用户预期的各项要求。

验收测试可以是一次简单的非正式的"测试运行"，也可以是一组复杂的有组织有计划的测试活动。事实上，验收测试可能持续几个星期到几个月。但是如果软件是为多个用户开发的产品的时候，让每个用户逐个执行正式的验收测试是不切实际的。很多软件产品生产者采用一种称之为 α 测试和 β 测试的测试方法，以发现可能只有最终用户才能发现的错误。

α 测试是由一个用户在开发环境下进行的测试，也可以是开发机构内部的用户在模拟实际操作环境下进行的测试。软件在一个自然设置状态下使用。开发者坐在用户旁边，随时记下错误情况和使用中的问题。这是在受控制的环境下进行的测试，α 测试的目的是评价软件产品的 FURPS（即功能、可使用性、可靠性、性能和支持），尤其注重产品的界面和特色。α 测试人员是除开产品开发人员之外首先见到产品的人，他们提出的功能和修改意见是特别有价值的。α 测试可以从软件产品编码结束之时开始，或在模块（子系统）测试完成之后开始，也可以在确认测试过程中产品达到一定的稳定和可靠程序之后再开始。

β 测试是由软件的多个用户在一个或多个用户的实际使用环境下进行的测试。这些用户是与产品供应商签订了支持产品预发行合同的外部客户，他们要求使用该产品，并愿意返回有关错位错误信息给开发者。与 α 测试不同的是，开发者通常不在测试现场。因而，β 测试是在开发者无法控制的环境下进行的软件现场应用。在 β 测试中，由用户记下遇到的所有问题，包括真实的以及主观认定的，定期向开发者报告，开发者在综合用户的报告之后，做出修改，再将软件产品交付给全体用户使用。β 测试主要衡量产品的 FURPS，着重于产品的支持性，包括文档、客户培训和支持产品生产能力。只有当 α 测试达到一定的可靠程度时，才能开始 β 测试。由于 β 测试处在整个测试的最后阶段，不能指望这时发现主要问题。同时，产品的所有手册文本也应该在此阶段完全定稿。由于 β 测试的主要目标是测试可支持性，所以 β 测试应尽可能由主持产品发行的人员来管理。

验收测试是以用户为主的测试。软件开发人员和 QA（质量保证）人员也应参加。由用户参加设计测试用例，使用用户界面输入测试数据，并分析测试的输出结果，一般使用生产中的实际数据进行测试。在测试过程中，除了考虑软件的功能和性能外，还应对软件的可移植性、兼容性、可维护性、错误的恢复功能等进行确认。验收测试的测试计划、测试方案与测试案例一般由开发方制定，由用户方与监理方联合进行评审。验收小组由开发方、用户方、监理方代表、主管单位领导及行业专家构成。与确认测试及系统测试不同的是，验收测试往往不是对系统的全覆盖测试，而是针对用户的核心业务流程进行的测试；测试的执行人员也不是开发方的测试组成员，而是由用户方的使用人员完成。

近年来，越来越多的开发方及用户方认识到对项目进行最终验收测试的重要意义，因此由第三方完成的专业化全覆盖型技术测试得到了广泛应用。由专门从事测试工作的第三方机构，根据系统的需求分析、用户手册、培训手册等，在开发人员及最终使用人员的配合下，完成对系统全面的测试工作。

2.3.6 回归测试

在软件生命周期中的任何一个阶段，只要软件发生了改变，就可能给该软件带来问题。软件的改变可能是源于发现了错误并做了修改，也有可能是因为在集成或维护阶段加入了新的模块。当软件中所含错误被发现时，如果错误跟踪与管理系统不够完善，就可能会遗漏对这些错误的修改；而开发者对错误理解得不够透彻，也可能导致所做的修改只修正了错误的外在表现，而没有修复错误本身，从而造成修改失败；修改还有可能产生副作用从而导致软件未被修改的部分产生新的问题，使本来工作正常的功能产生错误。同样，在有新代码加入软件的时候，除了新加入的代码中有可能含有错误外，新代码还有可能对原有的代码带来影响。因此，每当软件发生变化时，我们就必须重新测试现有的功能，以便确定修改是否达到了预期的目的，检查修改是否损害了原有的正常功能。同时，还需要补充新的测试用例来测试新的或被修改了的功能。为了验证修改的正确性及其影响就需要进行回归测试。

回归测试是在软件变更之后，对软件重新进行的测试。回归测试的目的是检验对软件进行的修改是否正确，保证改动不会带来不可预料的行为或者另外的错误。这里的软件修改的正确性有两重含义，一是所作的修改达到了预定目的（如错误得到改正，能够适应新的运行环境等），二是不影响软件的其他功能的正确性。

回归测试的测试用例包括三种不同的类型：

（1）能够测试软件的所有功能的代表性测试用例，即预测用例。

（2）专门针对可能会被修改而影响软件功能的附加测试。

（3）针对修改过的软件成分的测试。

回归测试在软件生命周期中扮演着重要的角色，因忽视回归测试而造成严重后果的例子不计其数，导致阿里亚娜 5 型火箭发射失败的软件缺陷就是由于复用的代码没有经过充分的回归测试造成的。回归测试作为软件生命周期的一个组成部分，在整个软件测试过程中占有很大的工作量比重，软件开发的各个阶段都会进行多次回归测试。在渐进和快速迭代开发中，新版本的连续发布使回归测试进行得更加频繁，而在极端编程方法中，更是要求每天都进行若干次回归测试。

2.4　面向对象的软件测试

面向对象的程序设计方法的出现和广泛应用是计算机软件技术发展中的一个重大变革和飞跃。它能够更好地适应当今软件开发在规模、复杂性、可靠性和质量、效率上的种种需求，因而被越来越多地推广和使用，其方法本身也在诸多实践的检验和磨炼中日趋成熟、标准化和体系化，逐渐成为目前公认的主流程序设计方法。尽管面向对象技术的基本思想保证了软件应该有更高的质量，但实际情况却并非如此，因为无论采用什么样的编程技术，编程人员的错误都是不可避免的，而且由于面向对象技术开发的软件代码重用率高，更需要严格测试，避免错误的繁衍。因此，软件测试并没有面向对象编程的兴起而丧失掉它的重要性。

面向对象软件测试的目标与传统测试一样，即用尽可能低的测试成本和尽可能少的测试用例，发现尽可能多的软件缺陷。面向对象的测试策略也遵循从"小型测试"到"大型测试"，即从单元测试到最终的功能性测试和系统性测试。但面向对象技术所独有的封装、继承、多态等新特点给测试带来一系列新的问题，增加了测试的难度。与传统的面向过程程序设计相比，面向对象程序设计产生错误的可能性增大，或者使得传统软件测试中的重点不再那么突出，或者使得原来测试经验和实践证明的次要方面成为主要问题等。所以面向对象的软件测试迫切地需要一些新的测试理念和测试方法。

2.4.1　面向对象软件的特点

我们生活在一个对象的世界里，每个对象有一定的属性，把属性相同的对象进行归纳就形成类，如家具就可以看作类，其主要的属性有价格、尺寸、重量、位置和颜色等，无论我们谈论桌子、椅子还是沙发、衣橱，这些属性总是可用的，因为它们都是属于家具类范畴的对象。

实际上，计算机软件所创建的面向对象思想同样来源于生活。面向对象的基本思想是使用对象、类、继承、封装、消息等基本概念来进行程序设计，从现实世界中客观存在的事物（即对象）出发来构造软件系统，并且在系统构造中尽可能运用人类的自然思维方式。

在面向对象程序设计中，对象是现实世界中各种实体的抽象表示，它是数据和代码的组合，有自己的状态和行为。具体来说，对象的状态用数据来表示，称为对象的属性，对象的行为用代码来实现，称为对象的方法，不同的对象具有不同的属性和方法。类是定义了具有相同数据类型和相同操作的一组对象的类型，是对具有相同属性和行为的一组对象的抽象。类描述了属于该类型的所有对象的特征和行为信息，是生成对象的模板或蓝图。类通过设定该类中每个对象都具有的属性和方法，来提供对象的定义，即有关对象的属性、方法和事件是在定义类时被指定的。每一个属于某个类的特定对象称为该类的一个实例。对象和类的关系相当于面向过程的编程语言中变量和变量类型的关系。消息是向某对象请求服务的一种表达方式。对象内有方法和数据，外部的用户或对象对该对象提出的服务请求，可以称为向该对象发送消息。对象之间的交互作用就是通过对象的消息机制实现的。

面向过程的程序设计方法是面向"功能"的，提倡过程方法的"高内聚低耦合"，程序执行的路径是在程序开发时定义好的，程序执行的过程是主动的，其流程可以用一个控制流图从头到尾明确地表示。而面向对象的程序设计方法是面向"数据（即对象）"的，将过程（即方法）封装在类中，而类的对象的执行则主要体现在这些过程的交互上，过程方法的执行通常不是主动的，程序的执行路径也是在运行过程中动态地确定的。同时，面向对象软件区别于面向过程软件的封装、继承和多态三大主要特点都可能为测试带来困难。

封装就是把客观事物封装成抽象的类,即把一组相关的数据和方法封装在一个类中,并且类可以把自己的数据和方法只让可信的类或者对象操作,对不可信的类或者对象进行信息隐藏。比如,在 C++语言中对类的成员变量和成员方法的访问控制分为三个层次:任何地方均可访问,该类及其子类的成员方法可以访问,只有该类本身的成员方法可以访问。继承是一种能力,是指一个新类可以从现有的类中派生,这个过程称为类继承。新类继承了原始类的特性,新类称为原始类的派生类(子类),而原始类称为新类的基类(父类)。子类可以继承父类的方法和属性,并且子类可以修改或增加新的方法和属性使之更适合特殊的需要。比如,所有的 Windows 应用程序都有一个窗口,它们可以看作都是从一个窗口类派生出来的。但是有的应用程序用于文字处理,有的应用程序用于绘图,这是由于派生出了不同的子类,各个子类添加了不同的特性。多态是指对一个类的引用可以与多个类的实现绑定,允许不同类的对象对同一消息做出不同的响应。绑定分为静态绑定和动态绑定,静态绑定是指在编译时完成的绑定,动态绑定是指在运行时完成的绑定。多态性一般是通过在派生类中重定义基类的虚函数来实现的。

封装保证了模块具有较好的独立性,使得程序结构更加紧凑,避免了数据紊乱带来的调试、维护与修改的困难。继承增加了软件的可扩充性,很好地解决了软件的可重用性问题。多态性具有灵活、抽象、行为共享、代码共享的优势,使得程序员在设计程序时可以对问题进行更好的抽象,使程序的通用性和维护性更强。继承和多态组合在一起还可以产生多种变化,可以帮助程序员设计出更加精巧的代码。面向对象软件所独有的这些封装、继承、多态等新的特点,在给程序设计带来便利、灵活等的同时,却给测试带来了困难,对测试最主要的影响在于很难进行充分的测试。

封装使得外界只能通过被提供的操作来访问或修改数据,降低了数据被任意修改和读写的可能性,同时却提高了对数据非法操作测试的难度。继承使得代码的重用率提高,同时也使错误传播的概率提高。多态使得面向对象程序对外呈现出强大的处理能力,但同时却使得程序内"同一"方法的行为复杂化，测试时不得不考虑不同类型具体执行的代码和产生的行为。比如，在测试一个基类方法的行为的同时要考虑其继承类方法的行为。比如，为了能够对每个类都进行充分的测试，需要精心构造复杂的驱动程序或者在充分理解待测类的基础上通过其他成员方法调用需要使用的方法，有时甚至需要修改待测类的部分代码等。

面向对象程序的结构不再是传统的功能模块结构，作为一个整体，原有集成测试所要求的逐步将开发的模块搭建在一起进行测试的方法已成为不可能。而且，面向对象软件抛弃了传统的开发模式，对每个开发阶段都有不同以往的要求和结果，已经不可能用功能细化的观点来检测面向对象分析和设计的结果。因此，传统的测试模型已经不再适用于面向对象软件的测试，一种新的针对面向对象软件的测试模型应运而生。

2.4.2　面向对象软件的测试模型

面向对象的开发模型突破了传统的瀑布模型，将开发分为面向对象分析（OOA），面向对象设计（OOD），和面向对象编程（OOP）三个阶段。针对这种开发模型，结合传统的测试步骤的划分，把面向对象的软件测试分为：面向对象分析的测试（OOA Test），面向对象设计的测试（OOD Test），面向对象编程的测试（OOP Test）和面向对象软件的系统测试（OO System Test），测试模型如图 2-14 所示。

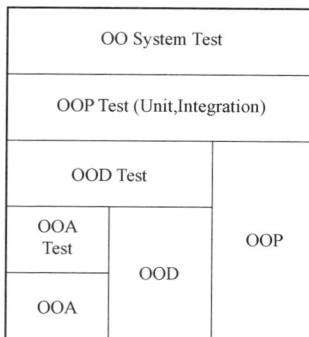

图 2-14　面向对象测试模型

面向对象分析的测试和面向对象设计的测试是对分析结果和设计结果的测试，主要是针对分析设计产生的文档进行测试，是面向对象软件前期的关键性测试，通常这部分的测试主要以文档审查的方式进行，如果分析设计文档的整体或部分可以模拟运行，这部分测试还可以建立在模拟运行的基础上。面向对象编程的测试主要是针对编程风格和程序代码进行测试，分为面向对象单元测试和面向对象集成测试两个阶段，通常这部分的测试主要通过运行被测代码来完成，还可能需要进行代码分析和走查。面向对象软件的系统测试主要以用户需求为测试标准，确认整个系统满足用户需求。

2.4.3　面向对象软件的测试策略

2.4.3.1　面向对象分析的测试

传统的面向过程分析是一个功能分解的过程，是把一个系统看成可以分解的功能的集合。这种传统的功能分解分析法的着眼点在于一个系统需要什么样的信息处理方法和过程，以过程的抽象来对待系统的需要。而面向对象分析（OOA）是把 E-R 图和语义网络模型，即信息造型中的概念，与面向对象程序设计语言中的重要概念结合在一起而形成的分析方法，最后通常是得到问题空间的图表的形式描述。OOA 直接将问题空间中的实例抽象为对象，用对象的结构反映问题空间的复杂实例和复杂关系，用属性和操作表示实例的特性和行为。

OOA 的结果是为后面阶段类的选定和实现，类层次结构的组织和实现提供平台。若对问题空间分析抽象不完整，则最终会影响软件功能的实现，导致开发后产生原本可以避免的修补工作；若存在冗余的对象或结构，则会影响类的选定、程序的整体结构或增加程序员不必要的工作量。因此，OOA 测试的重点在其完整性和冗余性。针对 Coard 和 Yourdon 提出的面向对象分析方法，OOA 阶段的测试可以分为五个方面：对认定的对象的测试、对认定的结构的测试、对认定的主题的测试、对定义的属性和实例关联的测试、对定义的服务和消息关联的测试。

2.4.3.2 面向对象设计的测试

通常的结构化的设计方法，用的"是面向作业的设计方法，它把系统分解以后，提出一组作业，这些作业是以过程实现系统的基础构造，把问题域的分析转化为求解域的设计，分析的结果是设计阶段的输入"。而面向对象设计（OOD）采用"造型的观点"，以 OOA 为基础归纳出类，并建立类结构或进一步构造成类库，实现分析结果对问题空间的抽象。由此可见，OOD不是在 OOA 上的另一思维方式的大动干戈，而是 OOA 的进一步细化和更高层的抽象。所以，OOD 与 OOA 的界限通常是难以严格区分的。

OOD 确定类和类结构不仅是满足当前需求分析的要求，更重要的是通过重新组合或加以适当补充，能方便实现功能的重用和扩增，以不断适应用户的要求。因此，OOD 阶段的测试，要针对功能的实现和重用以及对 OOA 结果的拓展，主要考虑三个方面：对认定的类的测试，对构造的类层次结构的测试，对类库的支持的测试。

2.4.3.3 面向对象编程的测试

面向对象程序是把功能的实现分布在类中，能正确实现功能的类，通过消息传递来协同实现设计要求的功能。因此，OOP 阶段的测试忽略了功能实现的细则，测试主要集中在类功能的实现和相应的面向对象程序风格，分为面向对象单元测试和面向对象集成测试两个阶段。对于面向对象程序风格的检查，需要检查代码的书写风格是否符合相关的要求，检查代码中是否存在不良控制结构的隐患。在测试类的功能实现时，要测试数据成员是否满足数据封装的要求，基本原则是数据成员是否被外界直接调用。换句话说，当改变数据成员的结构时，是否影响了类的对外接口，是否会导致相应外界的改动。在测试类的功能实现时，同时还应该保证类成员函数的正确性。单独看待类的成员函数，与面向过程程序中的过程函数没有本质区别，所以传统的单元测试中使用的方法，同样也适用于面向对象的单元测试中。类成员函数之间的作用和类之间的服务调用是单元测试无法确定的，需要进行面向对象的集成测试。要注意的是，测试类的功能不能仅满足于代码能无错运行或被测试类所提供的功能无错，应该以 OOD 的结果为依据，必要时还应参照 OOA 的结果作为标准。

传统单元测试的对象是程序的过程、函数或完成某一特定功能的程序块，即模块。传统的单元测试主要关注模块的算法和模块接口间数据的流动，即输入和输出。传统的单元测试多采用白盒测试方法，系统内多个模块可以并行地进行测试。类是面向对象软件组成和运行的基本单位，面向对象软件的内部实际上是各个类之间的相互作用，所以面向对象软件中可被独立测试的单元通常是一个独立的类或类族。面向对象的单元测试主要是对类成员函数以及类成员函数间的交互进行测试，可以分为方法层次的测试，类层次的测试和类树层次的测试三个层次。

在面向对象中，一个方法可以看作是关于输入参数和所在类的成员变量的一个独立函数，如果函数的内聚性很高，而且提供的功能又比较复杂，可以考虑对其单独进行测试。方法层次的测试就是针对类中的各个方法进行单独的测试，类似于传统软件测试中对单个过程函数的测试。许多传统的测试方法在这里都可以使用，常用的有等价类划分测试、组合功能测试、递归函数测试、多态消息测试等。但是面向对象中往往有很多方法与成员变量有很强的关联，作为一个独立函数的内聚性不高。所以，一般只有少数的方法需要单独进行测试。多个成员方法会通过成员变量产生关联，导致很难对单个成员方法进行充分的测试，合理的测试是将这些相互依赖的成员方法放在一起进行测试，即类层次的测试。类层次测试的重点是类内方法间的交互和其对象的各个状态，常用的测试方法有不变式边界测试、模态类测试、非模态类测试等。面向对象中集成和多态的使用，使得对子类的测试通常不能限定在类中定义的成员变量和成员方法上，还需要考虑父类对子类的影响。类树层次测试的重点是测试一组协同操作类之间的相互作用，常用的测试方法有：多态服务测试，展平测试等。

集成测试的目的是测试系统的各个组成部分组合在一起是否能协调工作。面向对象的集成测试，要测试出单元测试无法检测出的那些在类相互作用时才会产生的错误，关注于系统的结构和内部的相互作用，主要是对系统内部的相互服务进行测试，如成员函数间的相互作用、类间的消息传递等。

因为面向对象软件没有层次的控制结构，传统的自顶向下和自底向上集成策略就没有意义，而且按照传统的增量集成方法一次集成一个操作到类中经常是不可能的，这是由于"构成类的成分的直接和间接的交互"。面向对象的集成测试有两种不同策略，第一种称为基于线程的测试，集成对回应系统的一个输入或事件所需的一组类，每个线程被集成并分别测试。第二种称为基于使用的测试，通过测试那些几乎不使用服务器类的类（称为独立类）而开始构造系统，在独立类测试完成后，然后测试下一层的依赖类（使用独立类的类），逐步通过依赖类层次的测试序列逐步构造完整的系统。

2.4.3.4 面向对象软件的系统测试

通过单元测试和集成测试，仅能保证软件开发的功能得以实现，但不能确认在实际运行时，它是否满足用户的需要，是否存在在实际使用条件下会被诱发产生错误的隐患。为此，对完成开发的软件必须经过规范的系统测试，即需要测试它与系统其他部分配套运行的表现，以保证在系统各部分协调工作的环境下也能正常工作。面向对象软件的系统测试是基于面向对象集成测试的最后阶段的测试，以用户需求为测试标准，检验整个软件系统是否符合需求。对于系统测试而言，面向对象软件与传统结构化软件并没有本质区别。

系统测试应该，尽量搭建与用户实际使用环境相同的测试平台，应该保证被测系统的完整性，对临时没有的系统设备部件，也应有相应的模拟手段。系统测试时，应该参考 OOA 分析的结果，对应描述的对象、属性和各种服务，检测软件是否能够完全"再现"问题空间。系统测试不仅是检测软件的整体行为表现，从另一个方面来看，也是对软件开发设计的再确认。在面向对象的系统测试中，不再关心软件的各个实体的实现细节以及实体间的连接细节，通常主要采用传统的黑盒测试方法。面向对象软件系统测试的内容与传统系统测试基本相同，包括功能测试、强度测试、性能测试、安全测试、恢复测试、易用性测试、安装/卸载测试等。

　　面向对象测试的整体目标是以最小的工作量发现最多的错误，这一点与传统软件测试的目标是一致的。但是面向对象测试的策略与传统软件测试的策略有很大不同，测试的视角扩大到包括复审分析和设计模型，测试的焦点从过程构件（模块）移向了类。要注意的是，不论是传统的测试方法还是面向对象的测试方法，都应该遵循尽早测试，全面测试，全过程测试，独立、迭代测试等基本测试原则。

第3章　软件测试标准

国家标准《标准技术基本术语》（GB/T 3935.1—83）规定"标准是对重复性事物和概念所做的统一规定。它以科学、技术和实践经验的综合成果为基础，经有关方面协商一致，由主管机构批准，以特定形式发布，作为共同遵守的准则和依据。任何一门工程技术都离不开标准，它是行业若干年的技术和经验的结晶，对提高产品生产率、可靠性、可维护性，降低生产成本，缩短开发周期有重要的作用。提高软件质量已成为软件工程的最重要的目标，评价软件产品的质量对获取和开发满足质量要求的软件是不可缺少的。这就需要相关标准化组织制定和推行一系列软件工程标准，供软件开发人员和软件测试人员在实际工作中做以参考，并且这些标准还将要在长期的实践中不断地进行更新与完善。

3.1　软件质量

质量是产品或服务的生命。同样，软件质量是贯穿软件生存期的一个极为重要的问题，是软件开发过程中所使用的各种开发技术和验证方法的最终体现。因此，在软件生存期中要重视软件质量的保证，以生成高质量的软件产品。

3.1.1　软件质量的定义

我们经常听说"某某软件好用，某某某软件功能全、结构合理、层次分明、语言流畅"，但这些模糊的语言不能算作是真正的软件质量评价，更不能算作是软件质量科学的定量的评价。在软件工程发展的历史过程中，专家提出过很多关于软件质量的定义。

1979 年，Fisher 和 Light 在 Definitions in Software Quality Management 中将软件质量定义为"表征计算机系统卓越程度的所有属性的集合"。其中，"所有属性的集合"包括"可靠性、可维护性、可用性等"。1982 年，Fisher and Baker 在 A Software Quality Framework 中将软件质量定义为"软件产品满足明确需求一组属性的集合"。20 世纪 90 年代，Norman、Robin 等在 Software Quality Assurance and Measurement：A Worldwide Perspective 中将软件质量定义为"表征软件产品满足明确的和隐含的需求的能力的特性或特征的集合"。

1991 年，国际标准化组织公布的国际标准 ISO/IEC 9126 中将软件质量定义为"软件满足规定或潜在用户需求特性的总和"。

1994 年，ISO 8042 中将软件质量定义为"反应实体满足明确的和隐含的需求的能力的特性的总和"。其中，"实体"是"可以单独描述和研究的事物，如产品、活动、过程、组织和体系等"。

1999 年，ISO/IEC 14598 中将软件质量定义为"软件特性的总和，软件满足规定或潜在用户需求的能力"。

2001 年，ISO/IEC 9126 中定义的软件质量包括"内部质量""外部质量"和"使用质量"三部分，即"软件满足规定或潜在用户需求"需要从软件在内部、外部和使用中的表现来衡量。

国家标准《信息技术软件工程术语》（GB/T 11457—2006）中定义软件的质量为：① 软件产品中能满足给定需要的性质和特性的总体；② 软件具有所期望的各种属性的组合程度；③ 顾客和用户觉得软件满足其综合期望的程度；④ 确定软件在使用中将满足顾客预期要求的程度。

综上所述，软件质量是产品、组织和体系或过程的一组固有特性，反映它们满足顾客和其他相关方面要求的程度。如卡内基·梅隆大学（Carnegie-Mellon University）软件工程研究所（Software Engineering Institute）的 Watts Humphrey 指出："软件产品必须提供用户所需的功能，如果做不到这一点，什么产品都没有意义。其次，这个产品能够正常工作。如果产品中有很多缺陷，不能正常工作，那么不管这种产品性能如何，用户也不会使用它。"

软件质量反映了以下三方面的问题：

（1）软件需求是度量软件质量的基础。不符合需求的软件就不具备质量。

（2）规范化的标准定义了一组开发准则，用来指导软件人员用工程化的方法来开发软件。如果不遵守这些开发准则，软件质量就得不到保证。

（3）往往会有一些隐含的需求没有明确地提出来。例如，软件应具备良好的可维护性。如果软件只满足那些精确定义了的需求而没有满足这些隐含的需求，软件质量也不能得到保证。

3.1.2　软件质量特性

软件的质量因素很多，如正确性、精确性、可靠性、容错性、性能、效率、易用性、可理解性、简洁性、可复用性、可扩充性、兼容性等。软件质量因素又称软件质量特性，反映了质量的本质。而定义一个软件的质量，就等价于为该软件定义一系列质量特性。

软件质量是各种质量要素的复杂组合，它随着应用的不同而不同，随着用户提出的质量要求不同而不同，各种质量要素有着不同的层次和角度。

软件产品首先要满足客户的功能需求，然后要满足性能需求，还要具备一定的可扩展性和灵活性，还应该能够有效处理异常情况等。

用户主要感兴趣的是如何使用软件、软件性能和使用软件的效果。所以他们关心的是：是否具有所需要的功能，可靠程度如何，效率如何，使用是否方便，环境开放的程度如何（即对环境、平台的限制，与其他软件连接的限制）。开发人员要负责生产出满足质量要求的软件，所以他们对中间产品的质量以及最终产品的质量都要关注，当然开发人员还需要考虑软件维护人员所需要的软件质量特性。对于管理者来说，可能要注重总的质量，而不是某一特性。为此，管理者需要从质量管理入手，根据具体要求对各个特性赋予权值，运用有限的资源和时间使软件质量达到优化目的。

3.2　软件质量模型

　　为满足软件的各项精确定义的功能、性能需求,符合文档化的开发标准,需要相应地给出或设计一些质量特性及其组合,作为在软件开发与维护中的重要考虑因素。如果这些质量特性及其组合都能在产品中得到满足,则这个软件产品质量就是很高的。面对众多的质量特性该如何取折中选择、如何组合,即如何区分软件质量特性对软件质量影响程度的轻与重。

　　通常把影响软件质量的特性用软件质量模型来描述。已有多种有关软件质量的模型,它们共同的特点是把软件质量特性定义成分层模型。在这种分层的模型中,最基本的叫作基本质量特性,它可以由一些子质量特性定义和度量。这些子特性在必要时又可由它的一些子质量特性定义和度量。

3.2.1　Mcall 质量模型

　　McCall 质量模型是 McCall 和他的同事建立的,提出了影响软件质量的正确性、可靠性、效率、完整性、可使用性、可维护性、灵活性、可测试性、可移植性、重复使用性、连接性共 11 个质量特性,它们分别集中在软件产品的三个重要方面:操作特性(产品运行)、承受可改变能力(产品修订)、新环境适应能力(产品变迁)。McCall 质量模型如图 3-1 所示。

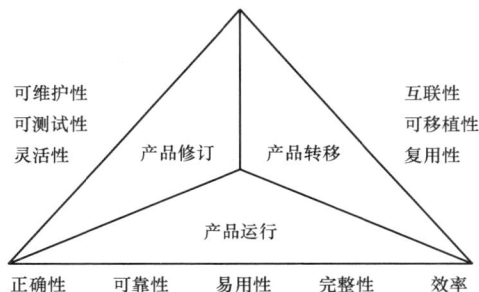

图 3-1　McCall 质量模型

73

McCall 等认为，特性是软件质量的反映，软件特性可用作评价准则，定量化地度量软件特性可知软件质量的优劣。McCall 等人提出的质量特性定义如下：

正确性：在预定环境下，软件满足设计规格说明及用户预期目标的程度，要求软件本身没有错误。

可靠性：软件按照设计要求，在规定的时间和条件下不出故障，持续运行的程度。

效率：为了完成预定功能，软件系统所需的计算机资源有多少。

完整性：为了某一目的而保护数据，避免它受到偶然的或有意的破坏、改动或遗失的能力。

可使用性：对于一个软件系统，用户学习、使用软件及为程序准备输入和解释输出所需工作量的大小。

可维护性：为满足用户新的要求，或当环境发生了变化，或运行中发现了新的错误时，对一个已投入运行的软件进行相应的诊断和修改所需要工作量的大小。

可测试性：测试软件已确保其能够执行预定功能所需工作量的大小。

灵活性：修改或改进一个已投入运行的软件所需工作量的大小。

可移植性：将一个软件系统从一个计算机系统或环境移植到另一个计算机系统或环境中运行时所需要工作量的大小。

重复使用性：一个软件（或软件的部件）能再次用于其他应用（该应用的功能与此软件或软件部件的所完成的功能有关）的程度。

连接性：又称互连性，连接一个软件和其他系统所需工作量的大小。如果这个软件要联网或者与其他系统通信或要把其他系统纳入自己的控制之下，必须要有系统间的接口，使之可以连接。

通常，对以上各个质量特性直接进行度量是很困难的，在有些情况下甚至是不可能的。因此，McCall 定义了一组比较容易度量的软件质量特性评价准则，使用它们对反映质量特性的软件属性分级，以此来估计软件质量特性的值。定义评价准则的关键是确定影响软件质量特性的属性。这些属性必须满足：比较完整、准确描述软件质量特性；比较容易量化和测量，能够反映软件质量的优劣。McCall 定义的软件质量特性评价准则共 21 种，分别如下：

可审查性：检查软件需求、规格说明、标准、过程、指令、代码及合同是否一致的难易程度。

准确性：计算和控制的精度，最好表示成相对误差的函数，值越大表示精度越高。

通信通用性：使用标准接口、协议和频带的程度。

完全性：所需功能完全实现的程度。简明性：程序源代码的紧凑性。

一致性：设计文档与系统实现的一致性。

数据通用性：在程序中使用标准的数据结构和类型。

容错性：系统在各种异常条件下提供继续操作的能力。

执行效率：程序运行效率。

可扩充性：能够对结构设计、数据设计和过程设计进行扩充的程度。

通用性：程序部件潜在的应用范围的广泛性。

硬件独立性：软件同支持它运行的硬件系统不相关的程度。

检测性：监视程序的运行，一旦发生错误时，标识错误的程度。

模块化：程序部件的功能独立性。

可操作性：操作一个软件的难易程度。

安全性：控制或保护程序和数据不受破坏的机制，以防止程序和数据受到意外的或蓄意存取、使用、修改、毁坏或泄密。

自文档化：源代码提供有意义文档的程度。

简单性：理解程序的难易程度。

软件系统独立性：程序与非标准的程序设计语言特征、操作系统特征，以及其他环境约束无关的程度。

可追踪性：对软件进行正向和反向追踪的能力。易培训性：软件支持新用户使用该系统的能力。

软件质量特性值可用式 3-1 计算，式中 F_j 表示软件质量特性值。

$$F_j = \sum_{k=1}^{L} C_{jk} M_k \qquad (3\text{-}1)$$

其中，M_k 是软件质量特性 F_j 对第 k 种评价准则的测量值，C_{jk} 是相应的加权系数。McCall 定义的评价准则多数都没有客观的测量方法，所以大多只能凭主观印象为评价准则定值。McCall 将评价准则分为 0 到 10 级（0 级最低，10 级最高），因此 M_k 的取值可以是 0，0.1，0.2，…，1.0。加权系数 C_{jk} 满足 $\sum_{k=1}^{L} C_{jk} = 1$。其中，$C_{jk} \geqslant 0$，当质量特性与 k 项评价准则无关时，$C_{jk} = 0$。L 表示评价准则的项数，j 表示软件质量特性的个数，对于 McCall 模型的评价准则，$L = 21$，$j = 11$。

3.2.2 Boehm 质量模型

Boehm 质量模型是由 Boehm 等人提出的分层结构的软件质量模型，除包含了 McCall 模型中也有的用户的期望和需要的概念，还包括了 McCall 模型中没有的硬件特性。Boehm 质量模型如图 3-2 所示。

Boehm 质量模型始于软件的整体效用，从系统交付后涉及不同类型的用户考虑。第一类用户是初始用户，系统实现了这些用户所期望的最基本的功能；第二类用户是要将软件移植到其他软硬件系统下使用的用户；第三类用户是维护系统的人员。三类用户都希望系统是有效可靠的。Boehm 质量模型反映了对软件质量的理解，即软件做了用户要它做的，有效使用系统资源，易于用户学习和使用，易于测试与维护。

3.2.3 ISO 的质量模型

20 世纪 90 年代早期，软件工程组织试图将诸多的软件质量模型统一到一个模型中，并把这个模型作为软件质量度量的一个国际标准。国际标准化

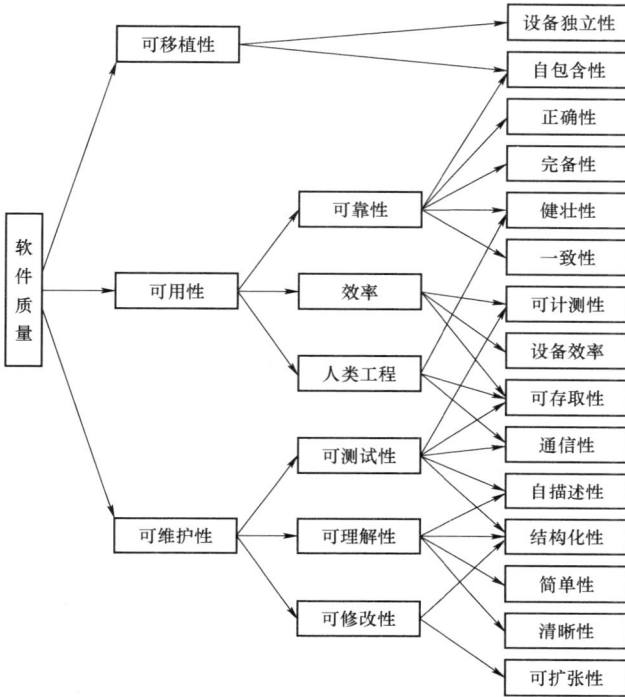

图 3-2　Boehm 质量模型

组织 ISO 和国际电工委员会 IEC 在 1991 年联合颁布了国际标准《信息技术软件产品评价质量特性及其使用指南》(ISO/IEC 9126：1991)。ISO/IEC 9126：1991 质量模型如图 3-3 所示。ISO/IEC 9126：1991 标准定义了 6 个影响软件质量的特性，即功能性、可靠性、可维护性、效率、可使用性、可移植性，以及相关的 21 个子特性。

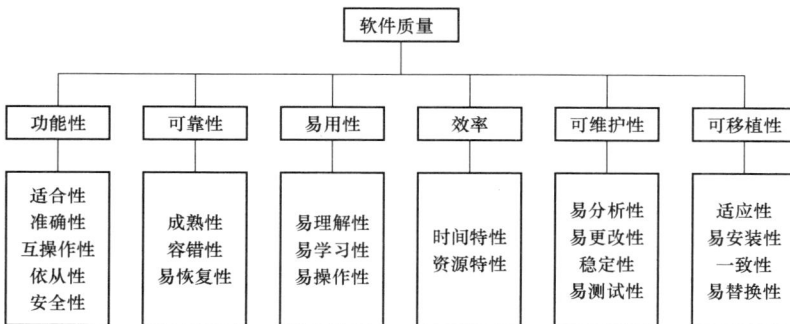

图 3-3　ISO/IEC 9126：1991 质量模型

ISO/IEC 9126：1991 的出发点在于使软件最大限度地满足用户的明确的和潜在的需求。其中的六个质量特性最大可能地涵盖了其他早期质量模型中的所有的质量特性，并且彼此重合交叉很小。软件质量特性与子特性的定义是从用户的角度、开发者的角度和管理者的角度全方位出发考虑的。因此，ISO/IEC 9126：1991 在当时是最为先进、严格的软件质量模型，它划时代地统一了若干年来国际上推出的各种质量模型。我国也于 1996 年参考 ISO/IEC 9126：1991 标准发布了同样的软件产品质量评价标准《信息技术 软件产品评价 质量特性及其使用指南》（GB/T 16260—1996）。

3.3 软件质量标准

从 20 世纪 70 年代的 McCall 模型、Boehm 模型等，到 20 世纪 90 年代早期的国际标准化组织的 ISO/IEC 9126：1991，在这些软件质量模型或标准中有关软件的质量和软件的评价并没有严格区分开来。到 1999 年，国际软件工程标准化组织将软件的"产品质量"与"产品评价"分成两个标准。"产品质量"注重软件本身的质量度量模型，"产品评价"注重软件质量评价的支持和评价过程。

1999 年，国际软件工程标准化组织颁布了《软件工程产品评价》（ISO/IEC 14598-1：1999）。2001 年，对 ISO/IEC 9126：1991 进行修订形成了《软件工程产品质量》（ISO/IEC 9126-1：2001）。相应的我国标准化组织参考 ISO/IEC 14598—1999 在 2002 年制定了《软件工程产品评价》GB/T 18905.1—2002，参考 ISO/IEC 9126-1：2001 在 2003 年制定了《软件工程产品质量》GB/T 16260—2003。也可以说，早期的 ISO/IEC 9126：1991 和 GB/T 16260—1996 已经被两个相关的标准系列 ISO/IEC 14598-1：1999（GB/T 18905—2002）和 ISO/IEC 9126-1：2001（GB/T 16260—2003）所取代。

3.3.1　ISO/IEC 14598 软件工程产品评价

1999 年，国际软件工程标准化组织颁布了 ISO/IEC 14598—1999。ISO/IEC 14598—1999 系列标准为软件产品质量的测量、评估和评价提供了方法，ISO/IEC 14598 由以下 6 部分组成：

ISO/IEC 14598-1 第 1 部分——概述。

ISO/IEC 14598-2 第 2 部分——策划和管理。

ISO/IEC 14598-3 第 3 部分——开发者用的过程。

ISO/IEC 14598-4 第 4 部分——需方用的过程。

ISO/IEC 14598-5 第 5 部分——评测者用的过程。

ISO/IEC 14598-6 第 6 部分——评测模块文档编制。

ISO/IEC 14598-1 概述软件产品评测过程，提供评测需求和指南。

ISO/IEC 14598-2 和 ISO/IEC 14598-6 是关于公司或部门级的评价管理和支持。ISO/IEC 14598-2 包含对软件产品评价的支持功能的需求和指南。这种支持与策划和管理软件评价过程及相关的活动有关，包括组织内评价专业知识的开发、获取、标准化、控制、转换和反馈。可供管理者制定一个定量的评价计划。ISO/IEC 14598-6 为编制评价模块的文档提供指南。这些模块包括质量模型的规范（即特性、子特性和相应的内部或外部度量），与模型计划的应用有关的数据、信息和与模型的实际应用有关的信息。每种评价都应当选择适当的评价模块。在某些情况，还有必要开发新的评价模块，以供组织用来产生新的评价模块。

ISO/IEC 14598-3、ISO/IEC 14598-4 和 ISO/IEC 14598-5 给出了项目级的评价需求和指南。ISO/IEC 14598-3 主要强调使用那些能预测最终产品质量的指标，这些指标将通过度量在生存期间开发的中间产品来得到。ISO/IEC 14598-3 可提供给计划开发新产品或增强现有的产品，以及打算利用他们自己的技术人员进行产品评价的组织使用。ISO/IEC 14598-4 可用来决定接受产品或者从众多可选产品中选择某个产品（产品可以是自包含的，或者是系统的一部分，或者是较大产品的一部分）。ISO/IEC 14598-4 可提供给计划获取或复用某个已有的软件产品或预先开发的软件产品的组织使用。ISO/IEC 14598-5 适用于对软件产品进行独立评估的评价者使用，这些评价者通常为第三方组织工作。这种评价是应开发者、需求方或其他方的请求来进行的。

ISO/IEC 14598 包含的各部分之间的关系如图 3-4 所示。

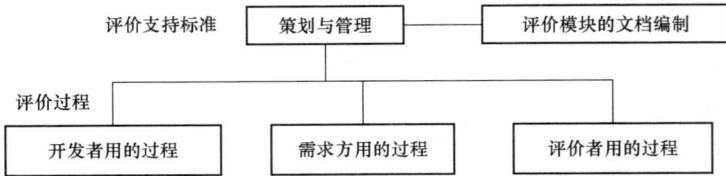

图 3-4   ISO/IEC 14598—1999 标准之间的关系

软件产品的通用评价过程是：首先确立评价需求，然后规定评价、设计评价和执行评价，如图 3-5 所示。

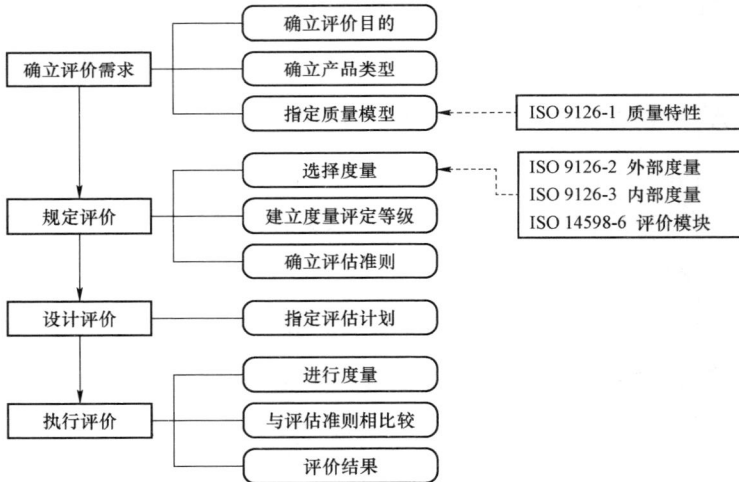

图 3-5   软件评价过程

3.3.1.1 确立评价需求

1. 确立评价目的

软件质量评价的目的是直接支持开发和获得能满足用户和消费者要求

80

的软件。最终目标是保证产品能提供所要求的质量，即满足用户（包括操作者、软件结果的接受者，或软件的维护者）明确和隐含的要求。评价中间产品质量的目的是：决定（是否）接受分包商交付的中间产品；决定某个过程的完成，以及何时把产品送交下一个过程；预计或估计最终产品的质量；收集中间产品的信息以便控制和管理过程。评价最终产品质量的目的是：决定（是否）接受产品；决定何时发布产品；与相互竞争的产品进行比较；从众多可选的产品中选择一种产品；使用产品时评估产品的积极和消极的影响；决定何时增强或替换该产品。

2. 确定要评价产品的类型

要评价的中间或最终软件产品的类型取决于所处的生存周期的阶段和评价的目的，不同的阶段测试的类型、测试的需求也不一样。

3. 指定质量模型

软件评价的第一步是选择相关的质量特性，使用一个将软件质量分解成几种不同特性的质量模型。软件评价所用的质量模型通常代表软件质量属性的总体，这些质量属性用特性和子特性的分层树结构进行分类。ISO/IEC 9216-1 提供了一个通用模型，它定义了 6 种软件质量特性，包括功能性、可靠性、易用性、效率、可维护性和可移植性。在特定的使用环境下，质量特性的组合效应被定义为使用质量。

3.3.1.2　规定评价

1. 选择度量

度量可以随环境和应用度量的开发过程阶段的不同而有所区别。质量特性定义方式不允许对它们进行直接测量。需要建立与软件产品特性相关的度量。用在开发过程的度量宜与用户观点的度量有关，因为从用户视角出发的度量是至关重要的。

2. 建立度量评定等级

可量化的特征可以用度量质量的方法进行定量的测量。其结果是，将测量值映射到某一标度上。这个值本身并不表示满意的等级，因此这一标度必须根据需求的不同满意度级别分成不同的范围。例如，将标度分成两类：满意和不满意；将标度分成四类：即超出要求，目标范围，可接受的最低限度，不可接受。

3. 确立评估准则

为了评估产品质量，需要总结针对不同特性的评价结果。评价者宜为此准备一个规程，其中对不同的质量特性使用不同的评价准则，每个质量特性又以数个子特性或子特性的加权组合来说明。规程通常还包括如时间和成本等有助于在特定环境下评估软件产品质量的其他方面。

3.3.1.3　设计评价

设计评价即制定评价计划。评价计划描述了评价方法和评价者活动的进度表，设计评价阶段需要编写测试规范、测试案例等。

3.3.1.4　执行评价

1. 进行度量

应对软件产品使用所选择的度量，其结果为度量标尺上的值。

2. 与评估准则相比较

在评级步骤中，测量的值要与预定的准则进行比较。

3. 评估结果

评估结果是软件评价过程的最后一步，将对一组已评定的等级进行概括。其结果是对软件产品满足质量需求程度的一个综述。然后将总结的质量与时间和成本等其他方面进行比较。最后，根据管理准则做出一个管理决策。结果是决策层做出的接受或拒绝、发布或不发布该软件产品的决定。

3.3.2　ISO/IEC 9126 软件工程产品质量

国际软件工程标准化组织在 2001 年对软件质量特性评价标准 ISO/IEC

9126：1991 进行了修订，保留了原来的 6 个软件质量特性，定义了一个通用的质量模型，质量特性中增加了使用质量特性，质量度量分为外部度量、内部度量和使用质量度量，颁布了 ISO/IEC 9126—2001。ISO/IEC 9126《软件工程产品质量》系列标准由以下 4 部分组成：

ISO/IEC 9126-1《软件工程产品质量》第 1 部分，质量模型。

ISO/IEC 9126-2《软件工程产品质量》第 2 部分，外部度量。

ISO/IEC 9126-3《软件工程产品质量》第 3 部分，内部度量。

ISO/IEC 9126-4《软件工程产品质量》第 4 部分，使用质量度量。

按照 ISO/IEC 9126-1，软件质量模型分为外部质量和内部质量模型，使用质量模型。

外部质量是针对要求的满足程度而言的，表征软件产品在规定条件下使用时，满足规定的和隐含的要求的程度。外部质量是从外部的观点来看软件产品的全部特性，外部质量需求包括对用户质量要求进行分析综合后达到的需求（包括使用质量需求），在开发期间应当转换为内部质量需求，并在评价产品时作为评价准则使用。内部质量则主要是根据软件产品的情况给出的，是表征软件产品在规定条件下使用时，决定其满足规定的和隐含的要求的能力的产品属性的全体。内部质量是从内部的观点来看软件产品的全部特性，内部质量需求包括静态的和动态的模型、其他文档和源代码等，可用作不同开发阶段的确认指标，也可以用于开发期间定义开发策略以及评价和验证的准则。质量模型为外部质量和内部质量规定了 6 种质量特性（功能性、可靠性、易用性、效率、可维护性、可移植性），它们可以进一步细分为一些子特性。外部质量和内部质量的质量模型如图 3-6 所示。

软件的外部质量和内部质量的质量特性和子特性的定义如下：

（1）功能性。功能性是指在指定条件下，软件产品满足明确和隐含要求功能的能力。

1）适应性。适应性是指软件产品为指定的任务和用户目标提供一组合适功能的能力。

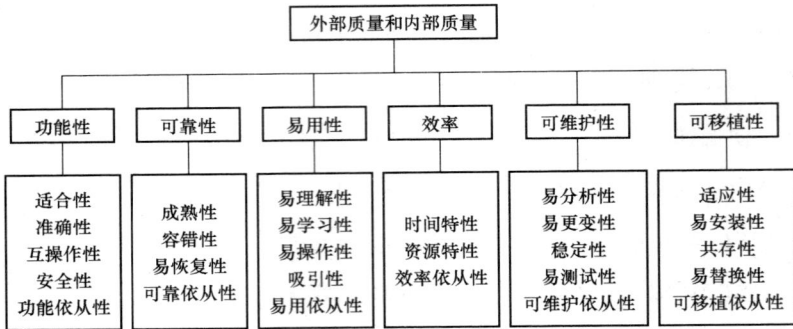

图 3-6　外部质量和内部质量的质量模型

2）准确性。准确性是指软件产品提供所需精确度的正确或相符结果及效果的能力。

3）互操作性。互操作性又称互用性，是指软件产品与一个或更多的规定系统进行交互的能力。

4）保密安全性。保密安全性是指软件产品保护信息和数据的能力，以使未授权的人员或系统不能阅读或修改这些信息和数据，但不拒绝授权人员或系统对它们的访问。

5）功能依从性。功能依从性是指软件产品依从同功能性相关的标准、约定或法规以及类似规定的能力。

（2）稳定性。稳定性是指在指定条件下使用时，软件产品维持规定的性能级别的能力。

1）成熟性。成熟性是指软件产品为避免因软件中的错误而导致失效的能力。

2）容错性。容错性是指在软件失效或者违反规定接口的情况下，软件产品维持规定的性能级别的能力。

3）易恢复性。易恢复性是指在发生故障的情况下，软件产品重建规定的性能级别并恢复受直接影响的数据的能力。

4）可靠性依从性。可靠性依从性是指软件产品依附于同可靠性相关的标准、约定或规定的能力。

（3）易用性。易用性是指在指定条件使用时，软件产品被理解、学习、使用和吸引用户的能力。

1）易理解性。易理解性是指软件产品完成特定任务的功能明显性和适用性。

2）易学性。易学性是指软件产品使用户能学习它的应用的能力。

3）易操作性。易操作性是指软件产品使用户能操作和控制它的能力。

4）吸引性。吸引性是指软件产品吸引用户的能力。

5）易用性依从性。易用性依从性是指软件产品依从易用性相关的标准、约定、风格指南或规定的能力

（4）效率。效率是指在规定条件下，相对于所用资源数量，软件产品提供适当性能的能力。

1）时间特性。时间特性是指在规定条件下，软件产品执行其功能时，提供适当的响应和处理时间以及吞吐量的能力。

2）资源特性。资源特性是指在规定条件下，软件产品执行其功能时，使用合适的数量和类型的资源的能力。

3）效率依从性。效率依从性是指软件产品依附于同效率相关的标准或规定的能力。

（5）可维护性。可维护性是指软件产品可被修改的能力，包括修正、改进或软件适应环境、需求和功能规格说明中的变化。

1）易分析性。易分析性是指软件产品诊断缺陷或失效原因以及判定修改部分的能力。

2）易改变性。易改变性是指软件产品使指定的修改可以被实现的能力。

3）稳定性。稳定性是指软件产品避免由于软件修改而造成意外结果的能力。

4）易测试性。易测试性是指软件产品使已修改软件能被确认的能力。

5）可维护性依从性。可维护性依从性是指软件产品依附于同维护性相关的标准或约定的能力。

（6）可移植性。可移植性是指软件产品从一种环境迁移到另外一种环境的能力。

1）适应性。适应性是指软件产品无须采用手段就可能适应不同的指定环境的能力。

2）易安装性。易安装性是指软件产品在指定环境中被安装的能力。

3）共存性。共存性是指软件产品在公共环境中同与其分享资源的其他独立软件共存的能力。

4）易替换性。易替换性是指软件产品在环境、目的相同的情况下替代另一个指定软件的能力。

5）可移植性依从性。可移植性依从性是指软件产品依附于同可移植性相关的标准或约定的能力。

使用质量是软件产品在规定的使用环境中，规定的用户能实现规定目标的要求，并具有有效性、生产率、安全性和满意度的能力。使用质量的质量特性分为 4 种：有效性、生产率、安全性和满意度，使用质量的质量模型如图 3-7 所示。

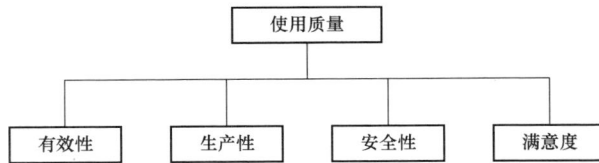

图 3-7　使用质量的质量模型

ISO/IEC 9126-1 质量模型中软件使用质量特性的定义如下：

（1）有效性。有效性是指软件产品在指定的使用环境中，满足用户准确度和完整性要求目标的能力。

（2）生产率。生产率是指软件产品在指定的使用环境中，用户使用与得到合适数量有效资源的能力。

（3）安全。安全是指软件产品在指定的使用环境中，获得可接受的对人类、事物、软件、财产或环境有害的风险级别的能力。

（4）满意度。满意度是指软件产品在指定的使用环境中，使用户满意的能力。

外部度量需要在测试和使用软件产品的过程中观察该软件产品的系统行为、执行对该软件产品系统行为的测量而得出外部度量的结果，从而评价软件产品的外部质量。ISO 9126-2 外部度量包括外部功能性度量，外部可靠性度量，外部易用性度量，外部效率度量，外部可维护性度量，外部可移植性度量，具体如下：

（1）外部功能性度量。

1）适合性度量。外部适合性度量应能够测量这样一组属性，如在测试系统和用户运行系统期间出现不满意的功能或不满意的操作。（功能或操作不像用户手册或需求说明规格说明中规定的那样执行；功能或操作未能提供合理的和可接收的结果以实现用户的任务所期望的特定目标）。包括功能的充足性、功能实现完整性、功能实现覆盖率、功能规格说明的稳定性（变化度）。

2）准确性度量。外部准确性度量应能够测量这样一组属性，如用户遇到不精确事项的频率。包括预期准确性、计算准确、精度。

3）互操作性度量。度量软件与其他系统、其他软件或相连接设备之间方便传递的属性。包括基于数据格式的数据的可交换性、基于用户成功尝试的数据的可交换性。

4）安全性度量。未能防止安全输出的信息或数据泄密；未能防止丢失重要的数据；未能杜绝非法的入侵或非法的操作。包括访问审查能力、访问控制能力。

5）功能依从性和界面标准的依从性的度量。

（2）外部可靠性度量。

1）成熟度度量。包括失效密度与测试用例、故障密度、故障排除、故障平均间隔时间、测试的覆盖度、测试的成熟度。

2）容错性度量。包括避免运行中断、避免失效、避免误操作。

3）易恢复性度量。包括平均停顿时间、平均恢复时间、易恢复性、恢复的程度。

4）可靠性依从性度量。

（3）外部易用性度量。

1）易学性度量。包括功能学习的难易、在使用中学习执行任务的难易、用户文件/帮助系统的有效性、在线帮助的有效性、帮助的可接受性。

2）易操作性度量。包括可控制性、对执行任务的适合性、对个性化的适合性、物理的可访问性。

3）易吸引性度量。包括相互吸引性、界面表现的可习惯性。

4）易用依从性度量。

（4）外部效率度量。

1）时间特性度量。包括响应时间、平均的响应时间、平均吞吐量、往还时间、平均往还时间、处理时间。

2）资源利用性度量。包括利用输入/输出设备时用户等待时间、硬盘、内存、CPU、传输能力最大利用（网络带宽）、介质设备利用均衡。

3）效率依从性度量。

（5）外部可维护性度量。

1）易分析性度量。包括对诊断功能的支持、审计跟踪能力、故障分析的效率。

2）易改变性度量。包括参数变更的能力、二次开发接口、实施变更所花的时间。

3）稳定性度量。包括改变成功的比例、改动对整个程序的影响。

4）易测试性度量。包括内置测试功能的可用性、测试可重新开始性。

5）可维护依从性度量。

（6）外部可移植性度量。

1）适应性度量。包括组织环境的适应性、硬件环境的适应性、系统软件环境的适应性、用户移植友好性。

2）易安装性度量。包括容易安装、容易重新安装。

3）可实现的共存性的度量。

4）易替换性度量。包括数据的连续使用、用户支持功能的一致性。

5）可移植依从性度量。

内部度量的主要目的是为了确保获得所需的外部质量和使用质量。在设计和编码过程中，通过分析中间产品（如规格说明或源代码）的静态性质来测量其内部质量特性或指示其外部质量特性。用户、评价人员、测试人员和开发人员可以在产品执行之前通过内部度量来评价软件产品的质量。ISO/IEC 9126-2 内部度量包括内部功能性度量，内部可靠性度量，内部易用性度量，内部效率度量，内部可维护性度量，内部可移植性度量。

使用质量的度量主要用于测量软件产品在指定的使用环境下满足指定用户、达到指定目标所要求的有效性、生产率、安全性和满意度的程度。使用质量是从用户观点对软件产品提出的质量要求，根据用软件在这个环境中的使用绩效来测量的，而不是依靠软件本身的特性来测量。ISO/IEC 9126-4 使用质量度量包括有效性度量，生产率度量，安全性度量，满意度度量，具体如下：

（1）有效性度量。有效性度量评估的是指定的使用条件下用户执行相应的任务时是否能够精确和完全地达到指定的目标。这种度量只考虑已经完成目标的程度，而不考虑是如何达到目标的。

（2）生产率度量。生产率度量评估的是在指定使用条件下用户花费的与所达到的有效性相关的资源。虽然其他相关资源可能包含用户的工作量、材料或使用的财务成本，但最常见的资源是完成任务的时间。

（3）安全性度量。安全性度量评估的是在指定使用条件下对人、商业、软件、财产或环境产生危害的风险级别。包括用户以及那些受使用影响的人的健康和安全以及意想不到的生理的或经济的后果。

（4）满意度度量。满意度度量评估的是在指定的使用环境中，软件使用户满意的能力或程度。

ISO/IEC 9126 与 ISO/IEC 14598 标准系列之间的关系如图 3-8 所示。ISO/IEC 14598-1 概述是软件产品评价标准的总则，ISO/IEC 9126 的评价过程是遵循 ISO/IEC 14598 的，ISO/IEC 14598 的各个部分应与 ISO/IEC 9126 中描述的软件质量特性和度量部分一起使用。

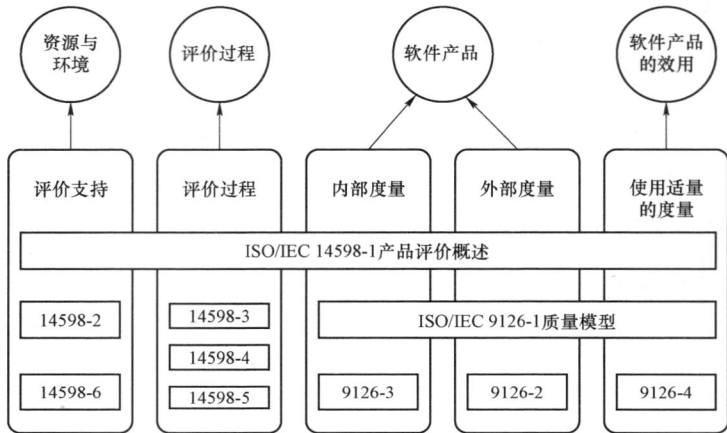

图 3-8　ISO/IEC 9126 与 ISO/IEC 14598 系列标准之间的关系

3.3.3　软件测试国家标准

目前广泛使用的软件测试国家标准包括：

《信息技术软件包质量要求和测试》（GB/T 17544—1998）。

《计算机软件测试文档编制规范》（GB/T 9386—2008）。

《计算机软件测试规范》（GB/T 15532—2008）。

《软件工程产品质量》第 1 部分，质量模型（GB/T 16260.1—2006）。

《软件工程产品质量》第 2 部分，外部度量（GB/T 16260.2—2006）。

《软件工程产品质量》第 3 部分，内部度量（GB/T 16260.3—2006）。

《软件工程产品质量》第 4 部分，使用质量的度量（GB/T 16260.4—2006）。

《软件工程产品评价》第 1 部分，概述（GB/T 18905.1—2002）。

《软件工程产品评价》第 1 部分，策划和管理（GB/T 18905.2—2002）。

《软件工程产品评价》第 1 部分，开发者用的过程（GB/T 18905.3—2002）。

《软件工程产品评价》第 1 部分，需求方用的过程（GB/T 18905.4—2002）。

《软件工程产品评价》第 1 部分，评价者用的过程（GB/T 18905.5—2002）。

《软件工程产品评价》第 1 部分，评价模块的文档编制（GB/T 18905.6—2002）。

3.4　软件能力成熟度模型 CMM 简介

软件能力成熟度模型（Capability Maturity Model，CMM）是软件行业标准模型，用来定义和评价软件企业开发过程的成熟度，提供如何做才能够提高软件质量的指导。CMM 是由美国卡内基·梅隆大学的软件工程研究所提出的一套对软件过程的管理、改进与评估的模式。CMM 最早被应用于美国国防部由外部企业承接的军事软件项目，这些项目都涉及巨大的投资，而 CMM 是用来评估那些有兴趣的软件商是否有能力承担这些项目的工作，即评估它们的软件过程能力。此后，CMM 被作为认可的标准，并且建立了 CMM 认证体系，用来衡量组织或企业的成熟度等级或软件过程的能力。

CMM 是目前国内软件企业中非常受欢迎的一个质量标准，并且该标准已经成为业界一个事实上的标准。比如，东大阿尔派、联想、鼎新、亚信等国内企业的有关部门也通过了 CMM 一定级别的认证。2000 年 6 月国务院颁发了《鼓励软件产业和集成电路产业发展的若干政策》，该文件的第 5 章第 17 条明确提出，"鼓励软件出口型企业通过 GB/T 19000-ISO 9000 系列质量保证体系认证和 CMM（能力成熟度模型）认证。其认证费用通过中央外贸发展基金适当予以支持"。

3.4.1　基本概念

3.4.1.1　软件过程

一般来讲，过程是指人们为了实现某一既定目标而采取的一系列步骤。

一个软件过程是指人们开发和维护软件及其相关产品所采取的全部生产活动和工程管理活动，其中软件相关产品包括项目计划、设计文档、源代码、测试用例和用户手册等。软件产品的质量主要取决于产品开发和维护的软件过程的质量。一个有效的、可视的软件过程能够将人力资源、物理设备和实施方法结合成一个有机的整体，并为软件工程师和高级管理者提供实际项目的状态和性能，从而可以监督和控制软件过程的进行。包括 SEI 在内的美国过程学派的一个核心概念就是"只要过程正确及构成过程的解决方法正确，产品就会正确"。

3.4.1.2　软件过程能力与性能

软件过程能力是企业实施软件过程所能实现预期目标的程度。它可用于预测企业的软件过程水平。一个组织的软件过程能力为组织提供了预测软件项目开发的数据基础。

软件过程性能是软件过程执行的实际结果。一个项目的软件过程性能决定于内部子过程的执行状态，只有每个子过程的性能得到改善，相应的成本、进度、功能和质量等性能目标才能得到控制。由于特定项目的属性和环境限制，项目的实际性能并不能充分反映组织的软件过程能力，但成熟的软件过程可弱化和预见不可控制的过程因素（如客户需求变化或技术变革等）。

3.4.1.3　软件过程成熟度

软件过程成熟度是指一个软件过程被明确定义、管理、度量和控制的有效程度。成熟意味着软件过程能力持续改善的过程，成熟度代表软件过程能力改善的潜力。过程的改善不能跳跃式进行。成熟度等级用来描述某一成熟度等级上的组织特征，每一等级都为下一等级奠定基础，过程的潜力只有在一定的基础之上才能够被充分发挥。例如，一般看来，规划一个工程过程要比规划管理过程更加重要，但实际上如果没有管理的规定，工程过程很容易成为进度和成本的牺牲品。另外，成熟级别的改善需要强有力的管理支持。

成熟级别的改善包括管理者和软件从业者基本工作方式的改变，组织成员依据建立的软件过程标准执行并监控软件过程，一旦来自组织和管理上的障碍被清除后，有关技术和过程的改善进程能迅速推进。

不成熟的标志有：没有明确的软件过程体系可以依据；无法对生产进行预测；不严格执行生产过程；质量无法保证；无健全的过程控制及质量控制体系；项目开发没有准则可遵循；开发结果主要依据项目小组及个人的带有主观因素的能力发挥。成熟的标志有：项目开发是依据企业早已明确的过程准则来实施；开发结果较少依赖个人能力和自然因素；项目由过程控制并可对整个生产做出预测；产品质量得到有效监控（借助客观定量化的数据）；过去的开发项目中所获经验得以积累并可系统地用于现行和未来的项目之中。

3.4.1.4　CMM

CMM 是特定学科中成熟实践的参考模型，被用于评估组织实施该学科的能力。CMM 为软件组织提供了一个指导性的管理框架，给软件组织提供如何加大对其开发和维护的软件过程的控制，如何使软件开发和管理向更向优秀的方向进化等方面的指导。CMM 通过确定当前软件过程管理的成熟度，通过标识软件的质量和过程改进中关键的、要害的问题，可以指导软件组织选择正确的软件过程改进策略。CMM 将其焦点聚焦在一系列具体的软件过程活动上，可以稳定地、持续地改进整个软件组织过程，使得软件过程管理能力取得持续地、持久地不断增长提高。

3.4.2　CMM 框架简介

软件过程改进是建立在许多简单的、渐进的步骤上的，而不仅仅是突发性的创新。在软件过程改进的基础上，CMM 将软件组织的过程能力成熟度分为五个等级：初始级、可重复级、定义级、管理级和优化级，如图 3-9 所示。

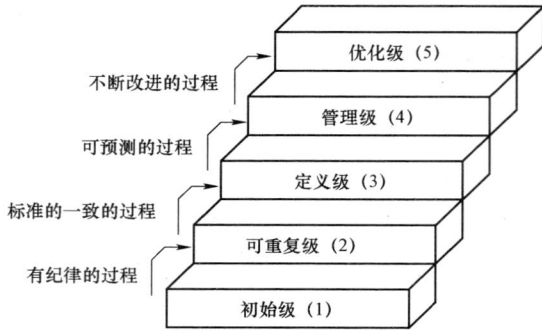

图 3-9　CMM 的五个等级

其中，每一个级别定义一组过程能力目标，并描述要达到这些目标应该采取的各种实践活动，具体如下：

（1）初始级（Initial Level）。软件过程是未加定义的随意过程，项目的执行是随意甚至是混乱的。也许，有些企业制定了一些软件工程规范，但若这些规范未能覆盖基本的关键过程要求，且执行没有政策、资源等方面的保证时，那么它仍然被视为初始级。在此，能力只是个人行为不是组织行为，一旦人员流动或变动，整个企业的开发能力也随之而去。整个企业没有稳定的过程规则可依据。现有的种种规章制度也互不协调或矛盾。开发人员的工作方式是救火式，哪里有漏洞就往哪里填补，很少收集关于开发过程的数据，新技术的引进也要冒极大风险。总之，整个企业的软件生产是不可重复，不可预见，不成体系，不可积累及不稳定的。初始级其特点是软件过程无秩序，有时甚至是混乱的。

本阶段改进的重点包括：建立软件项目开发过程并进行有效管理；建立需求管理，明确客户要求；建立各类项目计划；建立完善的文档体系，严格执行质量监控；按 CMM 二级所规定的各项核心实践进行开发。

（2）可重复级（Repeatable Level）。人们根据多年的经验和教训，总结出软件开发的首要问题不是技术问题而是管理问题。因此，第二级的焦点集中在软件管理过程上。一个可管理的过程则是一个可重复的过程，可重复的过程才能逐渐改进和成熟。可重复级的管理过程包括了需求管理，项目管理，质量管理、配置管理和子合同管理五个方面；其中项目管理过程又分为计划过程和跟踪与监控过程。在该级的企业可以给客户较有保证的承诺，因为企业可在以往同类项目的成功经验上总结和建立起一整套过程准则来保证成功重复。项目管理采用基准来标识进展并对成本和进度进行追踪，企业通过子合同管理同客户建立了有效的供求关系，面对开发缺陷有规则可以依据来纠正错误，个人主观行为被稀释并分解到企业整体的规则和管理框架之中，文档的准备和项目数据的收集也相应完备。

本阶段改进重点包括：将各项目的过程经验总结为整个企业的标准过程，使整个企业的过程能力得以提高；注意跨项目间的过程管理协调和支持；树立起全组织的过程标准概念；建立软件工程过程小组（SEPG）；对各项目的过程和质量进行评估和监控，使软件过程得以正确调整；建立软件工程数据库和文档库，加强培训。

（3）定义级（Defined Level）。制定了企业范围的工程化标准，并将这些标准集成到企业软件开发标准过程中去，所有开发的项目需根据这个标准过程裁剪出与项目适宜的过程，并且按照过程执行。企业内部设置了软件工程小组（SEPG）负责过程的制定、修改、调整和监督。企业还有培训机构专门对全企业员工进行过程培训。各项目组的开发经验可相互借鉴并支持，对项目成本，工期及质量均可最终控制。有关软件工程及管理工程的过程文件被编制并成为企业标准，所有项目都必须按照这些标准过程或经调整后的项目过程来实施，从而保障了每一次工程开发的投入和时间，项目计划、产品功能及软件质量得以控制。软件过程在此得到的稳定的，重复的和持续性的应用，使开发风险大为下降。各项目组人员参与软件过程的制定和修改，并引进符合项目过程的新的软件开发技术，在各项目开发过程中收集的数据被系统共享。第三级的主要特点在于软件过程已被编制为各个标准化过程，并在企业范围内执行，从而使软件生产和管理更具可重复性，可控制性，稳定性和持续性。

本阶段改进重点：应准备对整个软件过程，包括生产和管理两方面的定量评测分析，以便尽可能将软件工程所涉及的定性因素转变为定量标准，从而对软件进行定量控制和预测。应使整个企业的软件能力在定量基础上可预测和控制。

（4）管理级（Managed Level）。所有过程建立了相应的度量方式，所有产品的质量（包括工作产品和提交给用户的最终产品）有明确的度量指标。这些度量应是详尽的，且可用于理解和控制软件过程和产品。量化控制将使软件开发真正成为一种工业生产活动。在此级中，所有的软件过程和产品质量有详细的度量标准，软件过程和产品质量得到了定量的认证和控制，使软件组织的能力可以很好地预测。此阶段中所有定量标准都是明确定义并持续一致的，可以用于对软件过程和管理的评估与调节。所有修正和调节方法（包括对偏差及缺陷的校正分析）都是基于变化指标上，新的软件开发技术也在定量的基础上被评估。项目组成员对整个过程及其管理体系有高度一致的理解并已学会运用数据库等方法定量地看待和理解软件工程。本级主要特点是定量化，可预测化和高质量。

本阶段改进重点：注意采取必要措施与方案减少项目缺陷，尽量建立起缺陷防范的有效机制，引进技术变动管理以发挥新技术的功用，引进自动化工具以减少软件工程中人为误差，实行过程管理，不断改进已有的过程体系。

（5）优化级（Optimizing Level）。优化级的软件过程应是持续改进的过程，并且有一整套有效机制确保软件工程误差接近最小或零。每一个过程在具体项目的运用中，可以根据过程执行的反馈信息来判断下一步实施所需的最佳过程，以持续改善过程使之最优化。企业能不断调整软件生产过程，按优化方案改进并执行所需过程。一般来讲，企业在优化级所遵循的持续改进措施既包括对已有过程的渐进改善，也包括应用新技术和工具所产生的革新式改进，整个企业的过程定义、分析、校正和处理能力也大大加强，这些都需建立在第四级的定量化标准之上。项目组都能主动找到产生软件问题的根源，也能对导致人力和时间浪费等低效率因素进行改进，防止浪费再发生。整个机构都有强烈的团队意识，每个人都致力于过程改进、缺陷防范和高品质的追求。本阶段总的特点是新技术的采用和过程的不断改进被作为企业的常规工作，以实现缺陷防范的目标。如果企业达到了第五级，就表明该企业能够根据实际的项目性质、技术等因素，不断调整软件生产过程以求达到最佳。

CMM 描述的五个等级的软件过程反映了从混乱无序的软件生产到有纪律的开发过程，再到标准化、可管理和不断完善的开发过程的阶梯式结构，为企业软件能力提供了一个阶段式的五级进程。任何开始采纳 CMM 体系的机构都一并归于第一级的起点，即初始级（Initial Level）除第一级外，每一级都设定了各自的目标组。如果达到了这一目标，则可向下一级推进，由于每一个级别都必须建立在实现了低于它的全部级别的基础之上，CMM 等级的提高只能是一个渐进有序的过程。

3.4.3　CMM 的发展

CMM 提供了一个软件过程改进的框架。根据 CMM 模型，软件开发者（机构或组织）能够大幅度地提高按计划、高效率、低成本地提交有质量保证的软件产品的能力。但是，随着技术的日新月异，随着传统的组织工作结构的改变，随着众多适合于不同学科的单一 CMM 的开发和实现，CMM 在改进生产效率、产品可靠性、客户满意度等方面带来好处的同时，随之带给我们的是"CMM 框架泥潭"。

自从 1991 年 SEI 发布 SW-CMM（V1.0）以来，SEI 逐渐开发了多种 CMM。其中很有影响的包括系统工程（SE-CMM）、软件工程（SW-CMM）、软件采办（SA-CMM）、人力资源管理（P-CMM），以及集成化产品和过程开发（IPPD-CMM）等。虽然这些模型对许多组织是有用的，但是多种模型的共存逐渐显露出弊端，继而越来越复杂。

由于存在"CMM 框架泥潭"，并且由于软件在系统中的比例与日俱增，能力成熟度模型集成（Capability Maturity Model Integration，CMMI）的思想随即应运而生，希望把所有现存的与将开发的各种能力成熟度模型集成到一个框架中去。这个框架用于解决两个问题：第一，软件获取方法的改革；第二，从集成化产品与过程发展的角度出发，建立一种包含完善系统开发原则的过程改进。

第 4 章 软件测试技术

4.1 白盒测试概述

软件测试方法的种类总的来说可分为人工测试和基于计算机的测试。而基于计算机的测试又可分为黑盒测试和白盒测试。

白盒测试是软件测试实践中最为有效和实用的方法之一。白盒测试又称结构测试、逻辑驱动测试或基于代码的测试，前提是知道产品内部工作过程，可通过测试来检测产品内部动作是否按照规格说明书的规定正常进行，按照程序内部的结构测试程序，检验程序中的每条通路是否都能够按预定要求正确工作，而不管产品的功能，主要用于软件验证。

白盒测试是根据软件产品的内部工作过程，在计算机上进行测试，以证实每种内部操作是否符合设计规格要求，所有内部成分是否已经过检查。白盒测试把测试对象看作一个打开的盒子（图 4-1），允许测试人员利用程序内部的逻辑结构及有关信息，设计或选择测试用例，对程序所有逻辑路径进行测试。通过在不同点检查程序的状态，确定实际的状态是否与预期的状态一致。

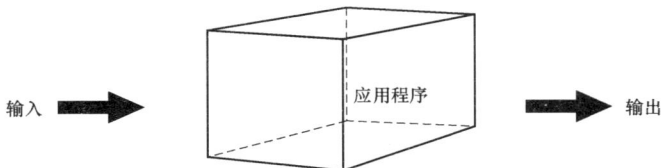

图 4-1　白盒测试技术

白盒测试方法又可分为静态测试和动态测试。静态测试是一种不通过执行程序而进行测试的技术，其关键功能是检查软件的表示和描述是否一致，没有冲突或者没有歧义。它瞄准的是纠正软件系统在描述、表示和规格上的错误，是任何进一步测试的前提。而动态测试需要软件的执行，当软件系统在模拟的或真实的环境中执行之前、之中和之后，对软件系统行为的分析是动态测试的主要特点。它显示了一个系统在检查状态下是正确还是不正确。

白盒测试的动态测试要根据程序的控制结构设计测试用例，其原则是：

（1）保证一个模块中的所有独立路径至少被使用一次。

（2）对所有逻辑值均需测试 true 和 false。

（3）在上下边界及可操作范围内运行所有循环。

（4）检查内部数据结构以确保其有效性。

测试最彻底的是将所有可能的输入数据都拿来进行所谓的穷举测试。但这是不现实的，因为可能的测试输入数据往往达到天文数字。下面来看一个简单的白盒测试的例子。

如图 4-2 所示，一个小程序的流程图，其中包括了一个执行达 20 次的循环。那么它所包含的不同执行路径数高达 5^{20} 条，若要对它进行穷举测试，覆盖所有的路径。假使测试程序对每一条路径进行测试需要 1 毫秒，同样假定一天工作 24 小时，一年工作 365 天，那么要想把如图所示的小程序的所有路径测试完，则需要 3 000 多年。

所以，要想实现穷举测试，工作量太过巨大，所需时间过长，是不现实的，而任何软件开发项目都要受到人力、物力、期限等条件的限制，尽管我们以为为了充分揭露程序中的所有隐藏错误，彻底的做法是针对所有可能的数据进行测试，但这是不可能的。

软件工程的总目标是要充分利用有限的人力、物力资源，高效率、高质量、低成本地完成软件开发的项目。既然测试阶段不可能做到穷举测试，为了节省时间和资源，提高测试效率，就必须要从数量巨大的可用数据中精心挑选出少量的具有代表性的测试数据，使得采用这些测试数据能够达到最佳的测试效果，能够高效率地把隐藏的错误揭露出来。这就涉及测试用例的设计和选取。

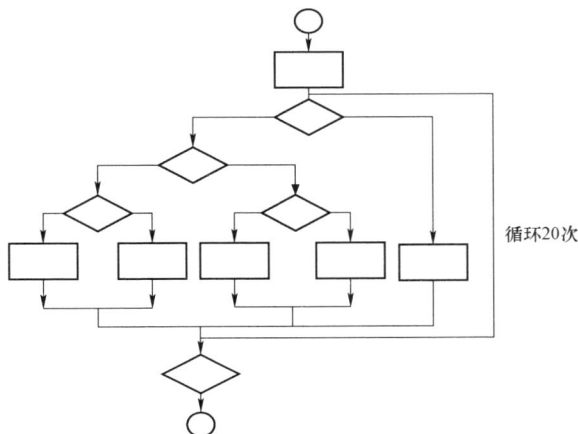

图 4-2　白盒穷举测试举例

下面将介绍几种实用的白盒测试技术，主要包括程序插桩、逻辑覆盖及基本路径测试等。本章重点围绕这几种方法展开介绍常见的白盒测试方法，并通过实例说明如何实际运用白盒测试技术设计相应的测试用例。

4.1.1　程序插桩

在软件的动态测试中，程序插桩是一种基本的测试手段，有广泛的应用。

程序插桩的方法就是借助往被测程序中插入操作，来实现测试目的的方法。在调试程序的时候，我们常常在程序中插入一些打印语句，希望在执行程序时，打印出我们最为关心的信息，如某个变量特定时候的取值、程序实际执行的路径等，通过这些信息可进一步了解程序执行过程中的一些动态特性。由此发展出来的程序插桩技术能够根据用户的需求，获取程序的各种信息，从而成为测试的有效手段。

想要了解程序在某次运行中所有可执行语句的覆盖情况，或者每个语句的具体的执行次数，最好的方法就是利用程序插桩的技术。下面以计算整数 A 和整数 B 的最大公约数程序为例，说明插桩技术的要点。

图 4-3 为该程序的流程图，图中虚线框所示的本不是源程序的内容，所完成的操作都是计数语句，是为了记录语句实际执行的次数而插入的"桩"，C（i）为计数变量（i＝1，2，3…，6）。程序从入口开始执行，到出口结束，经过的计数语句都能记录下程序在该点的执行次数。若在程序入口处加上计数变量 C（i）的初始化语句，在出口处加上打印 C（i）的语句，这就是一个完整的插桩程序了，能够记录并输出程序在各点的执行次数。图 4-3 为求最大公约数程序插桩后的流程图，请读者参照此图将其用 C/C＋＋实现。

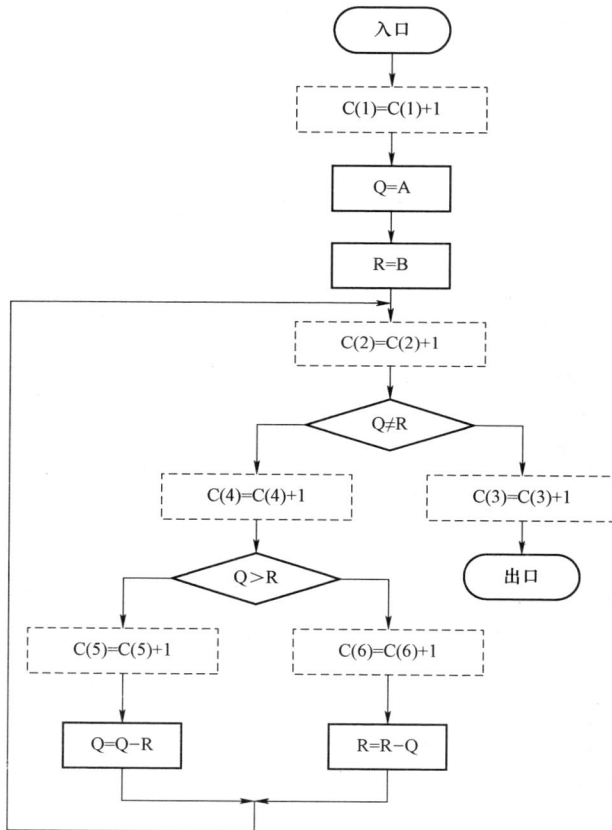

图 4-3　求最大公约数插桩程序流程图

通过插入的语句来获取程序中的各种动态信息，这犹如在刚刚研发成功的机器的一些特定部位安装各种探测仪表一样。机器试运行时，我们除了可以从机器加工的成品（相当于程序的输出结果）来检验机器的运行情况外，还可以通过探测仪表来了解其动态特性。插桩程序在运行后，一方面可以观察到程序的运行结果，另一方面还可以借助插入语句给出的信息来了解程序执行时的动态特性。所以，程序插桩是白盒测试中应用相当广泛的一种技术，特别在完成程序的调试和测试时非常有效。

设计插桩程序时需要考虑的问题包括：

（1）探测哪些信息。

（2）在程序的什么部位设置探测点。

（3）需要设置多少个探测点。

前两个问题需要结合具体情况，第三个问题则需要考虑如何设置最少探测点的方案。一般情况下，没有分支的程序段中只需要一个计数语句，若程序中出现了多种控制结构，使得整个结构十分复杂，为在程序中设计最少的计数语句，就需要针对程序的控制结进行具体的分析。建议先画出程序的流程图，再进行插桩语句的设计。

4.1.2　逻辑覆盖

白盒测试技术的常见方法之一就是覆盖测试，它是利用程序的逻辑结构来设计相应测试用例的技术。这一方法要求测试人员对程序的逻辑结构有清楚的了解，甚至要能掌握源程序的所有细节。它属于动态测试。

从覆盖源程序语句的详细程度分析或根据不同的测试要求，逻辑覆盖标准有以下几种：

（1）语句覆盖。

（2）判定覆盖。

（3）条件覆盖。

（4）条件判定组合覆盖。

（5）多条件覆盖。

为便于理解，我们使用如下所示的 C 语言程序来说明各种覆盖测试各自的特点，图 4-4 所示为其流程图。

```
int fun_1（bool A，bool B，bool C）
{
    int X；
X=0；
    if（A&&（B||C））
X=1；
    return X；
}
```

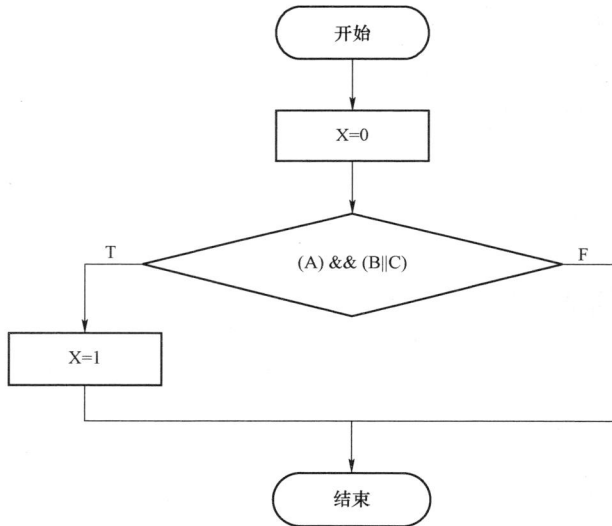

图 4-4　参考程序流程图

4.1.2.1　语句覆盖

为了暴露程序中的错误，程序的每条语句至少执行一次。语句覆盖的含义是：设计足够多的测试用例，使被测程序中每条可执行语句至少执行一次。

例如，为了使上述程序中的每条语句都至少执行一次，可以构造如下的测试用例，见表 4-1。

表 4-1 语句覆盖测试用例

用例编号	A	B	C	(A)&&(B‖C)	语句覆盖/%
001	T	T	T	T	100

从程序中的每条语句都得以执行这一点来看，语句覆盖的方法似乎能够比较全面地检查程序的每条语句。其优点是可以很直观地从源代码得到测试用例，无须细分每条判定表达式。但是，由于这种测试方法仅仅针对程序逻辑中显式存在的语句，但对于隐藏的条件是无法测试的，如在多分支的逻辑运算中无法全面考虑。所以语句覆盖对程序执行逻辑的覆盖很低，这是其最严重的缺陷。语句覆盖一般被认为是最弱的逻辑覆盖。

4.1.2.2 判定覆盖

比语句覆盖稍强的覆盖标准是判定覆盖。按判定覆盖准则进行测试其含义是指：设计若干测试用例，运行被测程序，使得程序中每个判断的取真分支和取假分支至少经历一次，即判断的真假值均曾被满足。判定覆盖又称分支覆盖。

除了真假值的判定语句之外，还有像 case 语句这样的多值判定语句，因此判定覆盖更广泛的含义是使得各种判定可能的结果至少执行一次。

对上述代码，构造以下测试用例即可实现判定覆盖标准，见表 4-2。

表 4-2 判定覆盖测试用例

用例编号	A	B	C	(A)&&(B‖C)	判定覆盖/%
001	T	T	T	T	50
002	F	F	F	F	50

可以看到，上述两组测试用例不仅满足了判定覆盖，而且也满足了语句覆盖，由此可见，判定覆盖比语句覆盖更强一些。但是，我们来假设一种情况：如若程序员不小心将程序中的判定表达式写错，将判定的第一个运算符"&&"错写成运算符"‖"，见表 4-3。此时，利用上述测试用例依然可以达

到 100%的判定覆盖，但却无法发现这样的逻辑错误，所以测试还需要更强的逻辑覆盖标准。

表 4-3　判定覆盖无法检查的逻辑错误

用例编号	A	B	C	(A)&&(B||C)	(A)||(B||C)	判定覆盖/%
001	T	T	T	T	T	50
002	F	F	F	F	F	50

综上可见，判定覆盖具有比语句覆盖更强的测试能力。同样判定覆盖也具有和语句覆盖一样的简单性，无须细分每个判定条件就可以得到测试用例。因此判定覆盖也有其明显的缺点：往往大部分的判定语句是由多个逻辑条件组合而成，若仅仅判断其整个最终结果，而忽略每个条件的取值情况，必然会遗漏部分测试路径。所以判定覆盖仍是比较弱的逻辑覆盖。

4.1.2.3　条件覆盖

程序中的一个判定语句一般是由多个条件组合而成的复合判定，如上述示例程序中，（A）&&（B\|\|C）的判定就包含着三个条件：A、B 和 C。因此，为了更彻底地对程序进行测试，我们可以采用条件覆盖的标准。

条件覆盖其含义是：设计若干测试用例，使得每一个判定语句中每一个逻辑条件的可能值至少满足一次。

按照这一定义，上述图 4-4 示例程序要满足条件覆盖的标准，可以设计如下测试用例，见表 4-4。

表 4-4　条件覆盖测试用例

用例编号	A	B	C	(A)&&(B||C)	条件覆盖/%
001	F	T	F	F	100
002	T	F	T	T	

仔细分析上述测试用例，可以发现在满足条件覆盖的同时，把判定的两个分支也覆盖了。那么请读者思考一下，这是否说明达到了条件覆盖也就必

然满足判定覆盖的标准呢？

非也！

请看，假如我们设计如下的测试用例来达到条件覆盖，见表 4-5。

表 4-5　条件覆盖另一组测试用例

用例编号	A	B	C	(A)&&(B||C)	条件覆盖/%	判定覆盖/%
001	F	T	T	F	100	50
002	T	F	F	F		

从表 4-5 我们可以发现，这组测试用例满足了条件覆盖，却并没有达到分支覆盖。所以条件覆盖不一定包含判定覆盖。例如，我们刚才设计的用例就没有覆盖判断的真值分支。条件覆盖只能保证每个条件至少有一次为真，而不考虑所有的判定结果。为了解决这一矛盾，我们需要兼顾条件和分支。

4.1.2.4　条件判定组合覆盖

条件判定组合覆盖就是一种既能满足条件覆盖又能满足判定覆盖的测试方法，其含义是：设计足够的测试用例，使得判定中每个条件的所有可能（真/假）至少出现一次，并且每个判定本身的判定结果（真/假）也至少出现一次。

对于图 4-4 示例程序，我们可以设计如下的测试用例以满足条件判定组合覆盖的标准，见表 4-6。

表 4-6　条件覆盖另一组测试用例

用例编号	A	B	C	(A)&&(B||C)	条件覆盖/%	判定覆盖/%
001	T	T	T	T	100	100
002	F	F	F	F		

条件判定组合覆盖既满足了条件覆盖，又满足了判定覆盖，看似能够比较全面地检查程序了，但它还是存在一定的缺陷。例如，若将程序中的判定表达式写错，仍将判定的第一个运算符"&&"错写成运算符"\|\|"，见表 4-7。

此时，利用上述测试用例依然可以达到条件判定组合覆盖的标准，但却仍然无法发现这样的逻辑错误，所以测试还应有更强的逻辑覆盖标准。条件判定组合覆盖准则的缺点就是未考虑条件的组合情况。

表 4-7 条件判定组合覆盖无法检查的逻辑错误

用例编号	A	B	C	(A)&&(B||C)	(A)||(B||C)	条件判定组合覆盖/%
001	T	T	T	T	T	100
002	F	F	F	F	F	

4.1.2.5 多条件覆盖

多条件覆盖又称条件组合覆盖，它的含义是：设计足够的测试用例，使得每个判定中条件的各种可能组合都至少出现一次。

显然，满足多条件覆盖的测试用例是一定满足判定覆盖、条件覆盖和条件判定组合覆盖的。

对于图 4-4 示例程序，判定语句中包含 3 个逻辑条件，每个逻辑条件有两种可能的取值（真/假），因此共有 $2^3 = 8$ 种可能的组合。我们可以设计如下的测试用例，满足了多条件覆盖的标准，见表 4-8。

表 4-8 多条件覆盖的测试用例

用例编号	A	B	C	（A）&&（B||C）
001	T	T	T	T
002	T	T	F	T
003	T	F	T	T
004	T	F	F	F
005	F	T	T	F
006	F	T	F	F
007	F	F	T	F
008	F	F	F	F

可以看到，当一个程序中判定语句较多时，其条件取值的组合数目将呈指数级增长，是非常大的。

4.1.3　基本路径测试

图 4-4 所示例子是个非常简单的程序，只有两条路径而已。但在实际问题中，即使是一个不算复杂的程序，其路径的组合都会是一个庞大的数字。所以，在实际测试中要将所有的路径都覆盖是很难的，甚至是不可能的。路径覆盖测试是相对的，要尽可能把路径数压缩到一个可承受范围，比如程序中的循环体只执行零次和一次。

从前面的介绍可以知道，对于一个较为复杂的程序要做到完全的路径覆盖测试不可能实现。既然路径覆盖测试无法达到，那么可以对某个程序的所有独立路径进行测试，也就是说检验了程序的每一条语句，从而达到语句覆盖，这种测试方法就是独立路径测试方法，又称基本路径测试方法。

基本路径测试是在程序控制流图的基础上，通过分析控制构造的环路复杂性，导出基本可执行路径集合，从而设计测试用例的方法。设计出的测试用例要保证被测程序的每一条可执行语句至少执行一次。

4.1.3.1　控制流图

白盒测试是针对软件产品内部逻辑结构进行测试的，测试人员必须对待测软件有深入的理解，包括其内部结构、各单元部分及之间的内在联系，还有程序运行原理等。为了更加突出程序的内部结构，便于测试人员理解源代码，可以对程序流程图进行简化，生成控制流图（Control Flow Graph）。

控制流图是描述程序控制流的一种图示方式。其中基本的控制结构对应的图形符号如图 4-5 所示。

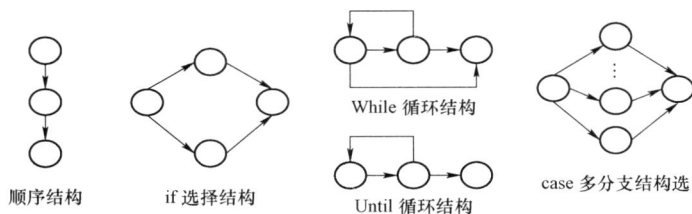

图 4-5　控制流图的图形符号

在图 4-5 所示的图形符号中，圆圈称为控制流图的一个节点，它表示一个或多个无分支的语句。

如图 4-6 所示，（a）是一个程序的流程图，（b）是其对应的控制流图。

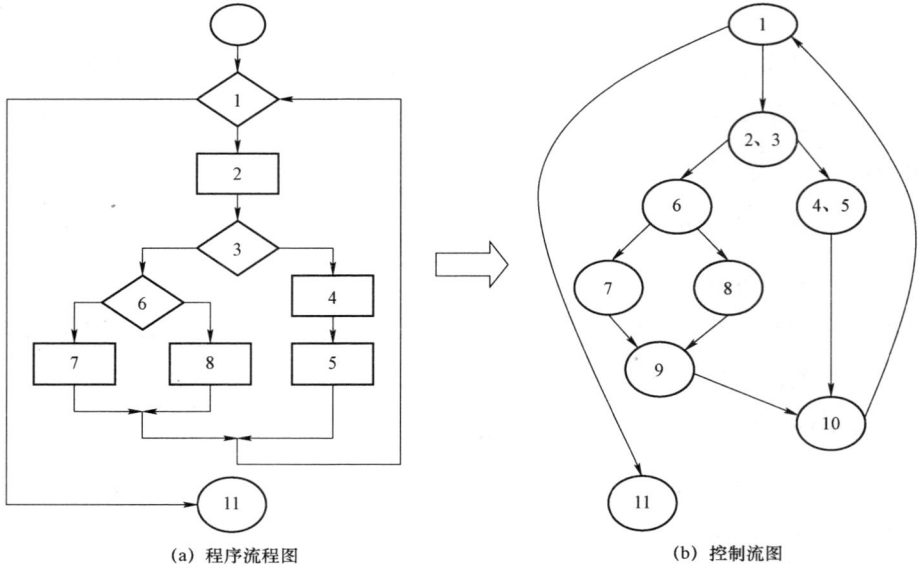

（a）程序流程图　　　　　　　　　　　　　（b）控制流图

图 4-6　程序流程图及其对应的控制流图

控制流图是由节点和控制边组成的。控制流图有以下几个特点：

（1）具有唯一入口节点，即源节点，表示程序段的开始语句。

（2）具有唯一出口节点，即汇节点，表示程序段的结束语句。

（3）节点由带有标号的圆圈表示，表示一个或多个无分支的源程序语句。

（4）控制边由带箭头的直线或弧表示，代表控制流的方向。

在程序的流程图中，我们假设菱形框内的条件没有复合条件，一组顺序处理框可以映射为一个单一的节点。控制流图中圆圈表示节点，箭头为边，表示了程序控制流的方向，一条边必须终止于一个节点，但在选择结构或多分支结构中分支的汇聚处，即使汇聚处没有执行语句也应该添加一个汇聚节点，如图 4-6（b）中节点 7、8 汇聚于节点 9 所示。在控制流图中，边和节点圈定的部分叫作区域，当对区域进行计数时，图形外的部分也应该记为一个区域。

如果判断中的条件表达式是复合条件，也就是说条件表达式是有一个或多个逻辑运算符（与、或、非）连接的逻辑表达式，则需要改变复合条件的判断为一系列只有单个条件的嵌套的判断。如下面所示的复合条件的判定：

…

if(a && b)

then x

else y

…

其控制流图如图 4-7 所示。将复合条件 a && b 拆分，改变成为只有单个条件的判断节点。

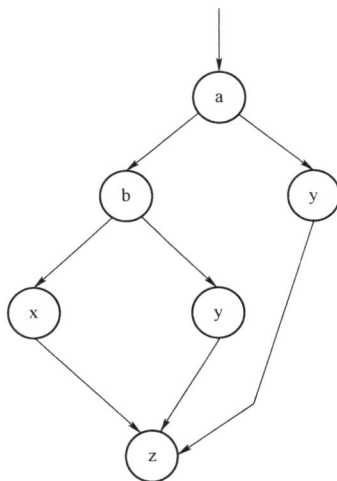

图 4-7　复合逻辑条件的控制流图

4.1.3.2　程序的环路复杂性

程序的环路复杂性是一种描述程序逻辑复杂度的标准，该标准运用基本路径方法，给出了程序基本路径集中的独立路径的条数，即环路复杂性等于独立路径的条数。而独立路径的条数是确保程序中每个可执行语句至少执行一次所必需的测试用例数目的上界。

所谓独立路径，是指程序中至少引入了一个新的处理语句集合或一个新条件的程序通路。从控制流图来看，一条独立路径是至少包含有一条在其他独立路径中从未有过的边的路径。路径可以用控制流图中的节点序列来表示。例如，图 4-6（b）所示的控制流图中，一组独立路径如下：

Path1：1→11

Path2：1→2、3→4、5→10→1→11

Path3：1→2、3→6→7→9→10→1→11

Path4：1→2、3→6→8→9→10→1→11

这四条路径组成了图 4-6（b）所示的控制流图的一个基本路径集。只要设计出的测试用例能够确保这些路径的执行，就可以使得程序中的每个可执行语句至少执行一次，每个条件的真假分支也都能得到测试。另外，基本路径集并不是唯一的，对于给定的控制流图，可以得到不同的基本路径集。

下面总结一下环路复杂性的求解方法。给定一个控制流图 G，设其环形复杂性记为 V（G），这里介绍三种常见的计算方法来求解 V（G）。

（1）V（G）＝E－N＋2，其中 E 是控制流图 G 中边的数量，N 是控制流图中节点的数目。

（2）V（G）＝P＋1，其中 P 是控制流图 G 中判断节点的数目。

（3）V（G）＝A，其中 A 是控制流图 G 中区域的数目。由边和节点围成的区域叫作区域，当在控制流图中计算区域的数目时，控制流图外的区域也应记为一个区域。

以图 4-6（b）为例，我们利用上述三种方法来求其环路复杂性：

（1）V（G）＝E－N＋2＝11－9＋2＝4

（2）V（G）＝P＋1＝3＋1＝4

（3）V（G）＝A＝4

图 4-6（b）环路复杂性为 4，由此得到其基本路径集的路径数，据此可得到应该设计的测试用例的数目。

4.1.3.3　基本路径测试方法的步骤

基本路径测试法适用于模块的详细设计及源程序，其主要步骤如下：

（1）以详细设计或源代码作为基础，导出程序的控制流图。

（2）计算得到控制流图 G 的环路复杂性 V（G）。

（3）确定线性无关的基本路径集。

（4）设计测试用例，确保基本路径集中每条路径的执行。

以图 4-7 所示的简单程序为例，我们通过计算可知其环路复杂性为 3，由此可以导出其基本路径即为：

Path1：a-b-x-z

Path2：a-b-y-z

Path3：a-y-z

然后就是设计相应的测试用例覆盖上述基本路径，用例设计见表 4-9。

表 4-9　基本路径测试法测试用例

用例编号	a	b	覆盖路径
001	T	T	Path1：a-b-x-z
002	T	F	Path2：a-b-y-z
003	F	—	Path3：a-y-z

其中，"—"表示任意值，即 T 或 F 均可。

4.2　黑盒测试概述

黑盒测试（Black-box Test）又称功能测试或数据驱动测试，就是将测试对象视为黑盒。采用黑盒测试方法进行动态测试时，需要测试软件产品的功能，而不测试软件产品的内部结构和处理过程。利用黑盒技术的测试用例设计方法包括等价类划分、边界值分析、错误猜测、因果图和综合策略。

黑盒测试重点关注测试软件的功能需求，即黑盒测试允许软件工程师导出执行程序所有功能需求的输入需求。黑盒测试并不是白盒测试的替代品，而是用于白盒测试来识别其他类型的错误。

黑盒测试尝试检测以下类型的错误：

（1）功能错误或遗漏。

（2）接口错误。

（3）数据结构或外部数据库访问错误。

（4）性能误差。

（5）初始化和终止错误。

黑盒测试的测试用例设计方法等价类划分方法、边值分析法、错误猜测方法、因果图法、决策表驱动分析方法、正交实验设计方法和功能图分析法。

4.2.1 等价划分

将所有可能的输入数据，将程序的输入域划分为几个部分，然后从每个子集中（子集）中选择几个有代表性的数据作为测试用例。该方法是一种重要的、常用的黑盒测试用例设计方法。

4.2.1.1 等价类划分

等价类是指输入域的子集。在子集中，每一个输入数据就相当于暴露了程序中的错误。并且合理的假设是该测试代表某些等价类值等于此类其他测试的值。因此，可以把所有合理的输入数据分为几个等价类中每个等价类有一个数据作为测试的输入，可以使用少量的代表测试的数据。测试结果取得了较好的效果。等价类可以有两种不同的情况：有效等价类和等价类无效。

有效等价类是指程序规范合理、输入数据集有意义的形式，通过有效的等价类可以测试程序是否实现了规范中规定的功能和性能。

无效等价类。无效等价类与有效等价类的定义相反，在设计测试用例时，应同时考虑两个等价类，因为软件不仅要接收合理的数据，还要能够经受住意外的测试。该测试将确保软件更加可靠。

4.2.1.2　划分等价类的方法

下面给出确定等价类的六个原则：

（1）按区间划分。当输入条件规定了取值范围或值的个数时，可以确定一个有效等价类和两个无效等价类。有效等价类对应于指定的取值区间，而两个无效等价类分别对应于区间两边的值。

（2）按数据集合划分。如果输入条件规定了输入值的集合或规定了"必须怎样"的情况下，可以确立一个有效等价类和一个无效等价类。有效等价类包含集合中的有效值，而无效等价类包含集合外的值或不符合条件的数据。

（3）按数据布尔值划分。当输入条件是布尔值的条件下，可以确定一个有效等价类和一个无效等价类。有效等价类对应于布尔表达式为真的情况，而无效等价类对应于表达式为假的情况。

（4）按数值划分。如果输入数据的一组值被规定，并且程序要对每个输入值分别进行处理，则可以确立 n 个有效等价类和一个无效等价类。这适用于需要测试多个具体值的情况。

（5）按规则或限制条件划分。在规定了输入的数据必须遵循的某种规则的情况下，可确立一个有效等价类（符合规则）和若干个无效等价类（不同方面违反规则）。这适用于需要测试规则遵守情况的情况。

（6）按细分等价划分。在确知已划分的等价类中，各元素在程序处理中的方式不同的情况下，则应再将该等价类进一步地划分为更小的等价类。这适用于需要更精细控制测试数据的情况。

4.2.1.3　设计测试用例

建立等价类后，建立等价类表并列出所有等价类：输入条件、有效等价类、无效等价类然后，从等价类出发，按照以下三个原则设计测试用例：

（1）为每个等价类设置唯一编号。

（2）设计一个新的测试用例，使其能够尽可能覆盖未被覆盖的有效等价类，并重复此步骤，直到覆盖所有有效的等价类。

（3）设计一个新的测试用例，使其仅覆盖尚未覆盖的无效等价类。重复此步骤，直到覆盖所有无效的等价类。

4.2.2　边界值分析

边界值分析是对等价类划分方法的补充。

（1）考虑边界值分析方法。长期的测试经验告诉我们，大量的错误发生在输入或输出范围在边界上，而不是在输入和输出范围内。因此根据各种边界条件来设计测试用例，可以发现更多的错误。

采用边界值的分析方法设计测试用例，首先应确定边界条件。通常输入输出等价类的边界、边界条件是应该重点测试的。应该准确选择等于、略高于或略低于测试数据的边界值，而不是选择等效值或任意值的典型值作为测试数据。

（2）基于边界值分析选择测试用例的原则。如果输入条件指定了值的范围，则刚刚达到这个范围的边界值，以及刚刚超出这个范围边界的值，应作为测试输入数据。如果输入条件规定数值，则以最大数、最小数、比最小数少一个数、比最大数一个数作为测试数据。

（3）根据规范的每个输出条件，应用前述原则（1）。

（4）根据规范的每个输出条件，应用前述原则（2）。

（5）如果输入字段或输出字段由程序规范给出是一个有序集合，应选择集合的第一个元素和最后一个元素作为测试用例。

（6）如果程序中使用了内部数据结构，则应选择内部数据结构边界上的值作为测试用例。

（7）分析规范并寻找其他可能的边界条件

4.2.3　错误猜测

错误猜测：根据经验和直觉设计测试用例的方法，推断程序中所有可能的错误。错误猜测方法的基本思想：列出程序所有可能的错误和容易出错的特殊情况，可以根据自己的情况选择测试用例。例如，单元测试中的模块中列出了许多常见错误。以前的产品测试也发现过错误，这些都是经验。另外，输入数据和输出数据均为 0。输入表空间或输入表格只有一行。这些很容易出错。可以选择这些案例作为测试用例的例子。

4.2.4　因果图法

等价类划分法的分析方法和边界值都考虑了输入条件，但没有考虑输入条件。之间的组合关系。考虑到输入条件之间的相互组合，可能会产生一些新的情况。但通过组合来检查输入条件并不是一件容易的事情，即使将所有输入条件划分为等价类，它们之间的组合也是相当可观的。因此我们必须考虑使用合适的描述来组合多种条件，生成与设计测试用例相对应的多个动作形式。这就需要用到因果图（逻辑模型）。

因果图方法最终生成决策表，适合检查程序输入条件的各种组合。使用因果图生成测试用例的基本步骤：

（1）分析软件规范中的规范，这就是原因（即输入条件或输入条件的等价类），是输出（即输出条件），并为每个原因和结果赋予标识符。

（2）分析软件规范描述中的语义。找出原因与结果、原因与原因之间的关系。根据这些关系画出因果图。

（3）由于语法或情况、某些原因和原因，原因和结果之间的结合是不可能的。为了表明这些特殊情况，因果关系图中带有一些表示约束或限制的标记。

（4）将因果图转换为决策表。

（5）以决策表的每一列为基础，设计测试用例。由测试用例生成因果图（局部、组合下）包括来自 TRUE 和 FALSE 的所有输入数据，测试用例的数量构成了输入数据的最小数量，并且测试用例的数量随着数量的增加而线性增加。

4.2.5　决策表

决策表（Decision Table）是对不同操作条件进行分析以执行多逻辑条件的工具和表达。在程序设计发展的早期，决策表一直作为编写程序的辅助工具。

因为它可以把复杂的逻辑关系和多种条件的组合表达得既具体又清晰。一个决策表通常由四部分组成：

Stub（条件）：列出问题的所有条件。通常认为列出的条件的顺序无关紧要。

Stub（Action）：列出定义可能操作的问题。这些操作不按顺序排列。

条件（Condition Entry）：它的值列表。以下条件为所有可能情况下的真实值。

动作条目：列出了条件项的各个值中应采取的动作。规则：任意一个条件组合的具体值及其对应的要执行的操作。通过连续的条件和动作是决策表、决策列表中的规则。显然，表中有很多组条件值，有很多规则，既有条件又有多少列。

决策表的建立步骤：

（1）根据软件规范确定规则数量。如果有 n 个条件，每个条件有两个值（0，1），所以有一条规则。

（2）列出所有条件堆和动作堆，填写条件项。填写动作项，等待初始决策表简化。合并相似的规则（相同的动作）。

Beizer 指出了适合使用判定表设计测试用例的条件：

（1）规格说明以判定表形式给出，或很容易转换成判定表。

（2）条件的排列顺序不会也不影响执行哪些操作。

（3）规则的排列顺序不会也不影响执行哪些操作。

（4）每当某一规则的条件已经满足，并确定要执行的操作后，不必检验别的规则。

（5）如果某一规则得到满足要执行多个操作，这些操作的执行顺序无关紧要。

Beizer 提出这 5 个必要条件的目的是使操作的执行完全依赖于条件的组合。其实对于某些不满足这几条的判定表，同样可以借以设计测试用例，只不过尚需增加其他的测试用例。

4.2.6　黑盒测试的优点

（1）基本不需人工控制，如果程序停止运行，一般来说就是测试程序 crash。

（2）测试用例设计完成后，后续工作会顺畅许多，确定 crash 的原因稍为困难。

4.2.7　黑盒测试的原理

（1）取决于测试用例的结果，测试用例设计来源于经验，值得 OUSPG 学习的地方。

（2）没有状态转换的概念，目前一些成功的例子基本都是针对 PDU 的，无法对被测程序进行状态转换。

（3）对于没有状态概念的测试，查找和确定导致程序崩溃的测试用例很麻烦，必须单独验证。对于有状态测试来说，就比较麻烦，特别是对于单个测试用例。这些在堆问题中比较突出。

4.2.8 黑盒测试（功能测试）工具的选择

那么，如何高效地进行功能测试呢？选择合适的功能测试工具和培训高技能的工具团队绝对至关重要。

虽然有少数软件测试公司不使用任何功能测试工具，但从事功能测试外包项目。短期来看，此类业务是有利可图的，但从长远来看，它们极有可能被高度自动化的软件服务公司所取代。

第5章 软件性能测试

在互联网时代，越来越多的事务处理通过在线方式完成，用户希望所有应用能尽可能快地运行，否则就意味着失去业务机会，作为任何产品的基本需求，软件性能越来越成为测试界极为关注的问题。然而，当开发者向用户获取软件的性能需求时，得到的答案往往是很模糊的，甚至是凭感觉的。在软件开发过程中，不像其他类型的测试，如功能测试、单元测试、系统测试，性能测试常常被忽略。而且，对性能测试的理解在测试界也有着多种不同的解释，性能测试技术也非常不成熟。本章就性能测试相关的概念和方法、技术进行探讨。

5.1 什么是软件性能

5.1.1 软件性能

我们知道，软件的性能需求是非功能性需求，那么什么是软件性能？一般来说，性能是软件产品的一种特性，表明软件系统或构件对于其及时性要求的符合程度。

不同的视角对软件性能的理解是不一样的。从用户的角度来说，软件性能就是软件对用户操作的响应时间，包含用户的主观感知。而从系统管理员的角度来说，软件性能首先表现在系统的响应时间，同时软件性能还和系统状态相关，比如在一定的并发用户数量时，系统的响应时间为 3 秒，那么服

121

务器的 CPU 的使用率是不是达到了 100%，是否还有可用的内存资源？应用服务器和数据库服务器的状态如何？为保证软件系统的长期稳定运行，管理员还会关心，系统能否实现扩展？性能的可能的瓶颈在哪里？系统能否支持 7×24 小时的业务访问？等有关系统扩展性和稳定性的信息。从开发人员的角度来说，单纯获得系统性能"好"或者"不好"的评价没有太大意义，他们更关心"糟糕的系统性能是系统架构的问题，还是设计或编码的问题？"或者"引起性能问题的制约因素或关键原因是什么？"作为软件性能测试工程师，不同层面的软件性能都需要关注。

5.1.2　性能指标

在理解性能测试和测试结果分析方法之前，理解衡量软件性能的关键指标至关重要。这些指标可以分为两类：面向服务的指标和面向效率的指标。

面向服务的指标包括可用性和响应时间，它们衡量系统向最终用户提供的服务有多好。

面向效率的指标包括吞吐量和使用率，它们衡量软件系统资源使用的效能。

5.1.2.1　可用性

可用性是指系统能够被最终用户有效使用的时间总量。从性能测试角度讲，缺乏可用性意味着最终用户完全无法有效使用系统。

对系统的可用性显而易见是最基本的需求。对最终用户来说，应用系统必须一直是可用的，除非是系统处于维护期。也就是说，在既定的用户并发数和吞吐量下，系统不能失效。

实际上，系统的可用性还有一个程度问题。比如，能够成功地"ping"通 Web 服务器，并不意味着系统是可用的。如果不能获得系统的主页，那么只能表明能够连接上 Web 服务器。系统在不太大的负载下可用，但随着负载的增加，系统经常返回错误或访问超时，则表明当超过一定负载量时，系统变得不可用。可见，衡量系统的可用性往往需要使用其他的性能指标。

5.1.2.2　响应时间

响应时间是指对最终用户请求做出响应能够所需要的时间。响应时间是作为用户视角的软件性能的主要体现，测量响应时间是性能测试的一项重要活动。

响应时间可以进一步分解。图 5-1 描述了一个 Web 应用的例子。在这个例子中，请求一个页面的响应时间是由网络延迟时间（N1 + N2 + N3 + N4）和应用延迟时间（A1 + A2 + A3）组成。对响应时间进行分解，可以更好地定位软件系统的性能瓶颈。对产品的改进都只能通过改进 A1、A2 和 A3 来降低响应时间。如果网络延迟是整个系统性能瓶颈的主要因素，那么改进产品就没有多大意义。在这种情况下，研究如何改进网络基础设施是首要的选择。

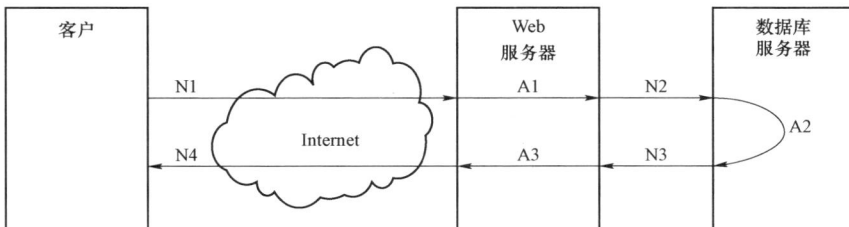

图 5-1　请求一个 Web 应用页面的响应时间

对于客户来说，能否接受软件系统的响应时间是带有一定的主观色彩。因此，在进行性能测试时，响应时间是否合理取决于实际用户的需求，而不能依据测试人员自己的设想来确定。

与响应时间相关的还有"休眠时间"。从业务角度来说，休眠时间是指用户在进行操作时，每个请求之间的间隔时间。用户在使用需要人机交互的系统时，不太可能持续不断地发出请求。一般的操作模式是，用户发送一个请求后，等待一段时间，再发出下一个请求。因此，要真实地模拟用户操作，就必须在各个操作之间等待一段时间。因此，在对这类应用进行测试时，需要考虑休眠时间的影响。

5.1.2.3　吞吐量

吞吐量是指单位时间内系统处理客户请求或事务的数量，它直接体现软件系统的性能承载能力。一般来说，吞吐量用"请求数/秒""页面数/秒""访问人数/天"或"事务数/小时"来衡量。从网络的角度来说，也可以用"字节数/天"来衡量。

在不同的负载条件下，系统的吞吐量是变化的。开始时，系统的吞吐量随着负载的增加而不断上升，表明系统能够允许更多的用户完成更多的请求或事务。当系统达到一定的负载量（拐点）后，吞吐量开始下降，这时用户会发现系统的响应时间不能令人满意。在这个拐点处的吞吐量，称为最大吞吐量。

施加到软件系统上的负载量可以通过增加用户数或提高对系统的并发操作数来提高。这又引出了另一个衡量性能的指标，即并发用户数。在性能测试中，并发用户数的测量是为了验证当前系统在同一个时间段内能够支持多少个用户访问。显然，当越多的用户同时使用系统，系统承受的压力越大，系统的性能表现也就越差，而且，此时很可能出现由于用户的同时访问导致的资源争用等问题。

5.1.2.4　资源使用率

资源使用率是指系统资源的使用程度，比如服务器的 CPU 利用率、内存利用率、磁盘利用率、网络带宽利用率等，一般为资源的使用值与资源的总可用量的比值。例如，"某某系统在承受 10 000 用户的并发访问时，Web 服务器的 CPU 占用率为 68%，平均的内存占有率为 55%"，其中 68% 和 55% 就是典型的资源利用率的值。

在性能测试中，常用资源利用率进行横向相比较。例如，在测试中发现，资源 A 的使用率接近 100%，而其他资源的资源利用率都处于比较低的水平，则表明资源 A 很可能是系统的一个性能瓶颈。资源利用率需要结合响应时间变化曲线、系统负载曲线等指标进行综合分析。

与资源使用率相关的术语是性能计数器，它是描述服务器或操作系统性能的一些数据指标。例如，对于 Windows 系统说，使用内存数、进程时间都是常见的计数器。在性能测试中，性能计数器用于监控和分析各资源使用的数值。

5.2　性能测试的目标

性能测试主要是通过自动化的测试工具模拟多种正常、峰值以及异常负载条件来对系统的各项性能指标进行的一种测试。

谈起性能测试，我们经常会听到诸如"这次测试目的是测量在给定的时间段内处理所需的事务数（吞吐量）。""测试的目的是测试在不同的负载条件下系统的可用性。""测量不同的负载条件下系统的响应时间。"等关于性能测试的目标的定义。可见，性能测试的目标有很多。概括起来，可以分为以下四类：

（1）能力验证。

（2）能力规划。

（3）性能调优。

（4）缺陷发现。

5.2.1　能力验证

能力验证是性能测试中最常见的目的，主要是验证被测系统是否达到预期的性能指标。比如，在系统上线后的验收测试中，对系统"能否在并发用户数为 1 000 的条件下响应时间小于 5 秒"等能力进行验证。

能力验证需要了解被测系统的。系统的典型场景即具有代表性的用户业务操作，包括操作序列和并发用户数量。根据典型场景和相应的性能目标，设计测试方案和测试用例，在确定的运行环境下执行测试。

5.2.2 能力规划

能力验证关心的是"在给定条件下，系统能否具有预期的性能表现"，而能力规划则关心的是"应该如何才能使系统具有要求的性能能力"，例如"应该如何调整系统配置，使系统能够满足增长的用户数的需要"。能力规划侧重"规划"，要求在测试过程中，了解系统的能力或是获得扩展系统性能的方法。

能力规划目标是确定特定一组事务和负载模式所需的系统配置。例如，使用大容量硬盘，使用高速 CPU，使用大内存或者是这些配置的组合才能得到较好的性能。负载可能是客户短期的实际需求，也可能是中期的需求，也可能是未来几年的长期的需求，对应这些需求，能力规划分别叫作"最低要求配置""典型配置"和"特殊配置"。最低要求配置表示低于这种配置，产品可用性很低，甚至不能运行。在典型配置下，产品能够不错地运行，满足所要求的负载模式的性能需求。特殊配置要求表示能力规划的结果是考虑了未来所有需求的情况下的系统配置。

能力规划是一种探索性的测试。在测试过程中，没有建立明确的预期性能目标，测试得到的结论是非确定的。

5.2.3 性能调优

性能测试另外一个重要的目的是对系统的性能进行调优。性能调优是一种通过设置不同的产品、操作系统或其他组件的参数值改进产品性能的过程。按照默认值进行参数设置的产品，在特定的配置或部署条件下，其性能不一定总是最优的，需要调整影响性能的产品或操作系统等参数，获得更好的性能。

对于一个应用系统来说，性能调优主要进行 3 方面的调整。

5.2.3.1　硬件环境的调整

硬件环境的调整主要是对系统运行的硬件环境进行调整，包括改变系统运行的服务器、主机设备环境，（如改用具有更高性能的机器，或调整某些服务器的物理内存总量、CPU 数量等），调整网络环境（如更换快速的网络设备，或采用更高带宽的组网技术）等。

5.2.3.2　系统设置的调整

系统设置的调整主要是针对系统运行的基础平台进行调整。例如，根据应用需要调整 UNIX 系统的核心参数，调整数据库的内存池大小，调整应用服务器使用的内存大小，或者是采用更高版本的虚拟机环境等。

5.2.3.3　应用级别的调整

应用级别的调整包括选用新的架构，采用新的数据访问方式或者是修改业务逻辑的实现方式。

在实际调优过程中，具体调整哪方面的内容要视情况而定。如果调优的对象是一个已经在实际的生产环境上部署的系统，调优的重点可能是调整系统环境和系统设置上。对于通过调整系统环境和系统设置仍不能达到用户要求，或一个正在开发的系统，就需要在应用级别上进行调优。

对应用系统的调优必须考虑一个可用于衡量调优结果进行有效性评估的标准，这涉及在调优之前需要确定基准负载、基准环境和基准性能指标。所谓基准指标是指一种可以被用来衡量和比较性能调优前后的标准的运行环境、测试操作脚本和可被用来衡量调优效果的性能指标。这里所说的"标准"是指调优前后每次系统运行的环境和使用的数据要严格保持一致。例如，当系统运行一次或多次后，数据库中可能增加了许多新的纪录，这时对系统进行调优，并在调优后运行系统，得到的结果与调优前的结果不具有可比性。

5.2.4 缺陷发现

缺陷发现性能测试的主要目的是通过性能测试的手段来发现系统中存在的缺陷。我们常会碰到系统在测试环境下正常，但一旦在用户生产环境中运行就出现大量莫名其妙的错误的情景。虽然，这种状况不一定是性能问题所导致，但如果在用户生产环境经常出现诸如系统挂死、多用户访问速度不稳定、多用户访问时系统崩溃几率增大的情况，则往往问题原因是并发线程锁、资源竞争或内存问题。

性能测试用于发现缺陷可以作为系统测试阶段的一种补充测试手段或是系统维护阶段的问题定位的手段。

5.3 性能测试的方法

性能测试的方法比较多，不同的文献和资料对性能测试方法的分类以及每种方法的范围界定都不完全相同。一般来说，性能测试包括如下测试方法：

（1）性能测试。

（2）负载测试。

（3）压力测试。

（4）配置测试。

（5）并发测试。

（6）可靠性测试。

（7）失效恢复测试。

5.3.1 性能测试

在这里的性能测试是狭义的性能测试，主要是通过模拟生产运行的业务压力量和使用场景组合，测试系统的性能是否满足生产性能的要求，它是最常见的验证测试方法。

这种方法的主要目的是验证系统是否具有其宣称的能力。一般来说，该方法需要经历以下几个步骤：

（1）确定用户场景。

（2）确定需要测量的性能指标。

（3）执行测试。

（4）分析测试结果。

这种方法需要在测试前完全确定系统运行的环境、典型场景和性能目标，只能依据事先的性能规划，验证系统的能力状况。该方法需要首先了解被测系统的典型场景。这种方法还需要有确定的性能目标，如"要求系统在 100 个并发用户的条件下进行某业务操作，响应时间不超过 5 秒"。该方法要求在已确定的环境下进行，要求测试时硬件设备、软件环境、网络条件、基础数据等都已经明确。

5.3.2　负载测试

负载测试（Load Testing）通过在被测系统上不断增加压力，直到性能指标例如响应时间超过预定指标，或某资源使用已经达到饱和状态。这种方法可以测出系统的处理极限，为系统调优提供数据。有时，这种方法也被称作可扩展性测试（Scalability Testing）。

这种方法中系统的处理极限一般会用"在给定条件下最多允许 200 个并发用户访问"或"在给定条件下每小时最多能处理 2 000 笔业务"这样的描述来给出。这种方法涉及"预期的性能指标"，如"响应时间不超过 5 秒"或"服务器平均 CPU 使用率不高于 65%"，因此也必须在给定的测试环境下进行。另外，这种方法在加压时，必须选择典型场景，保证测试具有业务上的意义。

负载测试可以用来了解系统的性能容量或者是用来配合性能调优，用这种方法比较调优前后的性能差异。

5.3.3 压力测试

压力测试（Stress Testing）测试系统在一定饱和状态下，如 CPU、内存等在饱和使用情况下，系统处理会话的能力，以及系统是否会出现错误。

压力测试一般通过模拟负载测试等方法，使系统的资源使用达到较高的水平。一般情况下，会把压力设定为"CPU 使用率达 75%以上、内存使用率达到 70%以上"这样的描述。

压力测试一般用于测试系统的稳定性。如果一个系统能够在压力环境下稳定运行一段时间，那么这个系统在通常的运行条件下应该能够达到令人满意的稳定程度。

5.3.4 配置测试

配置测试（Configuration Testing）通过对被测系统的软硬件环境的调整，了解各种不同环境对系统性能的影响程度，从而找到系统各项资源的最优分配原则。这种测试的主要目标是了解各种不同因素对系统性能影响的程度，据此判断出最值得进行的调优操作。

配置测试需要在确定的环境和压力条件下，按照确定的操作步骤进行。每次执行测试时，更换或扩充硬件设备，调整网络环境，调整服务器参数设置，比较每次测试结果，分析各因素对系统性能影响，找出影响最大的因素。

除了用于性能调优外，该方法还用于能力规划，用来评估如何调整才能实现系统的扩展性。

5.3.5 并发测试

并发测试（Concurrency Testing）通过模拟用户的并发访问，测试多用户并发访问同一个应用、同一个模块或数据记录时是否存在性能问题。

并发测试过程中主要关注系统中的内存泄露、数据库死锁、线程或进程同步失败以及资源争用等问题，目的是发现系统中可能隐藏的并发访问的问题。

并发测试可以针对整个系统进行，也可以仅仅为了验证某个架构或设计的合理性进行，因此可用于开发的各个阶段使用。并发测试除了需要性能测试工具进行并发负载的产生外，还需要一些代码级别的检测工具帮助检查和定位。

5.3.6　可靠性测试

可靠性测试（Reliability Testing）通过给系统加载一定的业务压力，让应用持续运行一段时间，测试系统在这种条件下能否稳定运行。该方法的目的是验证系统是否支持长期稳定运行。

测试过程中要关注随着时间的推移，系统的运行状况趋势。例如，内存或其他资源使用有无明显的变化，响应时间有无明显变化。如果系统运行状况有明显波动，可能就是系统不稳定的征兆，需要给予重点关注。

5.3.7　失效恢复测试

失效恢复测试（Failover Testing）是针对有冗余备份和负载均衡的系统设计的。这种方法用来检验如果系统局部发生故障，用户能否继续使用系统，以及用户将受到多大影响。

一般的关键业务系统都会采用热备份或是负载均衡的方式实现，要求即使有一台或几台服务器出现故障，在系统性能或功能上部分受损时，系统仍然能够正常执行业务。失效恢复测试在测试中模拟一台或几台设备故障，验证预期的恢复技术是否能够发挥作用。

失效恢复测试一般只针对系统持续运行指标有明确要求的系统进行，并且该方法还需要指出，当问题发生时"能支持多少用户访问"和"采取何种应急措施"的结论。

5.3.8 性能测试方法的选用

在性能测试过程中，具体选用哪一类或几类测试方法，需要根据测试目标来确定。表 5-1 列出了不同的测试目标对应的性能测试方法。

表 5-1　性能测试方法的选择

	能力验证	能力规划	性能调优	发现缺陷
性能测试	●			
负载测试		●	●	
压力测试	●	●	●	●
配置测试		●	●	
并发测试				●
可靠性测试	●			
实效恢复测试	●		●	●

能力验证一般采用性能测试方法。此外，对软件可靠性的保证也是应该承诺的性能的一部分。因此，可靠性验证的内容也可归入到能力验证中。所以，能力验证一般采用的测试方法包括性能测试、可靠性测试、压力测试和失效恢复测试。

能力规划目的是了解系统的能力，获得扩展系统性能的方法。常用的测试方法包括负载测试、配置测试和压力测试。

性能调优的主要测试方法是配置测试、负载测试和失效恢复测试。

发现缺陷为目的的性能测试，没有可以参照的性能指标，主要采用开发测试的方法。如果还需关注压力和失效恢复过程中出现的问题，还可以采用压力测试和失效恢复测试方法。

当然性能测试项目一般是比较复杂的，一个真实的性能测试项目通常包括了几个性能测试目标，这种情况下，可以将性能测试目标分解为能力验证、能力规划、性能调优和发现缺陷四类，并为其规划不同的测试方法。

5.4　性能测试过程

由于需要耗费大量的资源和时间，性能测试是非常复杂、成本很高的。对于性能测试来说，如果没有合适的方法论指导，性能测试很容易成为一种随意的测试行为，而随意进行的测试很难取得实际的作用和预期效果。

性能测试过程一般包括以下几个环节：

（1）获取性能测试的需求。

（2）计划性能测试。

（3）设计性能测试。

（4）引入性能测试工具。

（5）执行性能测试。

（6）分析性能测试结果。

5.4.1　获取性能测试的需求

功能测试有明确的输入和输出集，有明确的预期结果。而性能测试除了需要详细描述的文档和环境设置外，可能很难预先明确清晰的预期结果。因此，获取性能测试的需求具有较大的挑战性。

首先，并不是系统的所有特性和功能都可以测试其性能的。例如，涉及手工干预的特性不能测试其性能，因为测试结果取决于用户对产品的输入速度，只能对完全自动化的产品或特性进行性能测试。

其次，性能测试需要明确地知道需要度量和改进的性能指标，如响应时间、吞吐量、资源使用率等。

最后，性能测试需要与实际的或预期的改进量或百分比关联起来。例如，"利用 ATM 机提取现金，应该在两分钟内完成"，在性能测试需求中就要说明预期的实际响应时间。只有这样才能确定性能测试的通过/不通过的状态。

如何导出性能需求呢？性能测试需求的来源是多方面的。

首先，需求文档和与用户沟通都能体现用户对性能的要求。在需求文档的分析中，凡在需求中出现，诸如"本系统的响应时间要求……""本系统要具有良好的响应速度。""在……时间内能处理……事务。""系统在……时间段内能稳定运行。""系统能够在……环境下流畅运行。"都是性能需求。当然，需求中一般会存在模糊的地方，需要测试人员对其进一步明确。

剖析用户活动和业务模型可以用来帮助寻找用户的关键性能关注点。用户对系统性能的关注往往集中在少数几个业务活动上，需要把它们找出来，从而确定最贴近用户要求的性能目标。进行用户活动和业务模型分析后，得到的结果类似于如下描述，"用户最关心的业务之一是 A 业务，该业务平均每天的发生率为 3 000 次，业务发生时间集中在 9：00—18：00 的时间段内，业务发生的峰值为每小时 1 000 次。"

其次，与同一产品的以前版本进行比较，也可导出性能需求。比如，"本系统的处理速度比前一个版本提高 10%"这样描述就是通过比较获得的。

另一个性能需求获取的方式是与竞争产品进行比较。例如，"ATM 机取款的处理速度要与同类的竞争产品 XYZ 一样"。

从体系结构或设计中也可以导出性能需求。体系结构和软件设计的目标是根据特定负载下预期的性能确定的，结构设计师和软件设计师通常都能够清楚地说出产品的预期性能如何。

性能测试还涉及负载模式和资源利用，以及不同在负载情况下产品的预期行为。因此除了要将预期响应时间、吞吐量或其他性能要求写入测试需求文档外，将这些要求与不同的负载条件关联起来也是非常重要的。表 5-2 给出了一个性能测试需求的示例。

表 5-2　性能测试需求示例

事务	预期响应时间	负载模式和吞吐量	机器配置
在 ATM 机上提取现金	2 秒	最多 10 000 个用户同时访问	PentiumIV/512 MB RAM/宽带网
在 ATM 机上提取现金	40 秒	最多 10 000 个用户同时访问	PentiumIV/512 MB RAM/拨号网
在 ATM 机上提取现金	4 秒	10 000～20 000 个用户同时访问	PentiumIV/512 MB RAM/宽带网

5.4.2　计划性能测试

计划性能测试用于生成指导整个性能测试执行的计划，主要完成测试目标的确定和测试时间的拟定。

5.4.2.1　确定性能测试目标

计划性能测试计划首先要执行的活动是根据测试需求，确定本次测试要达到的目的。在 5.2 节我们对软件性能测试的 4 类目标进行了阐述。根据测试需求，性能测试是为了明确验证系统在固定条件下的性能能力的，属于"能力验证"，常见于对特定环境上部署的系统进行性能验证测试，一般重点关注的是关键业务响应时间、吞吐量；如果测试的目的是了解系统性能能力的可扩展性和系统在非特定环境下的性能能力，属于"能力规划"，重点是发现性能瓶颈，找出系统能力扩充的关键点，给出改善性能扩展能力的建议；测试的目的是通过测试发现问题，进行调优，提高系统性能能力，属于"性能调优"，其重点是关注关键业务响应时间和吞吐量；测试目的是通过性能测试手段，发现应用中存在的缺陷，属于"发现缺陷"。

不同的性能测试目标对系统的性能目标的定义会稍有不同。例如，"系统的某业务在未来的 3 个月内每天的业务吞吐量达到 4 000 笔，找出系统的性能瓶颈并给出可支持这种业务量的建议"是能力规划对性能目标的描述；能力验证对系统性能目标描述类似于"该应用能够以 1 秒的最大响应时间处理 200 个并发用户对某业务的访问，峰值时刻达到 400 个用户，允许响应时间延长 3 秒。"；对于性能调优，则描述为"通过性能调优测试，本系统的某业务在 200 并发用户的条件下，响应时间提高到 3 秒"。在能力验证和性能调优中，对响应时间、平均的并发用户数量或是吞吐量、峰值的并发用户数量以及针对的业务都进行了明确定义，当然在性能目标中还可以加上对资源使用的定义。例如，"该应用能够以 1 秒的最大响应时间处理 200 个并发用户对某业务的访问，此时服务器的 CPU 占用不超过 75%，内存使用不超过 70%；峰值时刻达到 400 个用户，允许响应时间延长 3 秒，此时服务器的 CPU 占用不超过 85%，内存使用不超过 90%。"

性能目标的定义要符合实际。例如，对于人机交互的系统，不考虑休眠时间的性能目标是没有意义的。

5.4.2.2 制定测试时间计划

制定测试时间计划给出性能测试的各个活动起止时间，为性能测试的执行给出时间上的估算，最终形成时间上的计划。

在制定时间计划时，要特别注意给有效执行性能测试留有足够的时间，除了测试运行时间外，还应该考虑所有与测试运行相关活动的时间。例如，"测试环境准备时间"，这包括获取、配置相关硬件和安装配置软件的时间；"识别和脚本化事务的时间"，识别和脚本化业务用例是性能测试非常重要的基础，可能需要数天甚至数周；"测试数据准备时间"，准备测试数据是性能测试成功的关键，测试数据准备应考虑到两次测试执行之间的数据库数据重置或测试数据的重新生成的时间。

5.4.3 设计测试

性能测试的设计包括测试环境设计、测试场景设计、测试用例设计、脚本和辅助工具开发。

5.4.3.1 测试环境的设计

测试环境设计包括系统的软硬件环境、数据环境设计以及环境维护方法设计。其中，数据环境非常关键但又容易被忽视。例如，系统在一个已有 60 000 条记录的数据库和一个几乎为空的数据库环境下运行，其查询、插入或删除操作的响应时间显然是不同的。

性能测试的结果与测试环境之间的关联性非常大。无论性能测试目的是哪一类，都必须首先确定测试环境。

对于"能力测试"，已经明确了是在特定的部署环境下进行，因此测试环境不需特别设计，只需要保证用于测试的环境与系统实际运行环境保持一致。"能力规划"的性能测试，测试环境不确定，但需要设计一个基准环境。"性能调优"的测试过程中，需要对调优效果进行衡量，因此必须设计一个标准环境用于衡量。

5.4.3.2　测试场景的设计

测试场景模拟的一般是实际业务运行环境中的典型业务使用情况，包括用户执行的业务操作、执行不同操作的用户比例、用户操作的频率、测试指标要求以及需要监控的性能计数器。例如，考虑仓储管理系统，其典型业务处理包括入库、出库和查询，测试场景的设计的结果见表 5-3。测试场景可以是多个测试目标的综合体现。

表 5-3　测试场景示例

场景名称	典型业务模式	测试指标	性能计数器
典型业务操作	入库，20%用户 出库，50%用户 查询，30%用户 用户总数 50 人	响应时间 入库<3 秒 出库<3 秒 查询<6 秒	服务器 CPU 使用量 服务器内存使用量

5.4.3.3　测试用例的设计

测试用例是对测试场景的进一步细化，它是针对每一个测试场景制定出相应的测试方法和步骤、场景需要的环境部署等内容，应包括：

（1）测试场景及其业务操作序列。

（2）网络、软硬件资源及其配置。

（3）影响性能测试及其结果的产品和操作系统的参数列表。

（4）负载模式。

（5）数据记录方式。

（6）测试用例重复执行的条件。

（7）测试用例的优先级。

以仓储管理系统的"入库"操作为例，测试用例需要描述其具体的操作序列和执行成功与否的准则：

（1）用户进入入库页面。

（2）用户输入产品名称、产品所有详细参数、入库数量。

（3）用户单击"入库"按钮。

（4）等待，直到系统提示"……产品已入库成功"。

针对不同的负载模式测试产品性能时，考虑的一个重点是负载的加载模式和可伸缩性，以避免在出现失效时做不必要的工作。例如，如果业务操作对 20 个并发操作失效，则尝试 10 000 个并发操作就没有意义，而且可能会造成数倍的测试执行的工作量。系统的方法是逐步增加并发操作数，比如按照 10、100、1 000、10 000 地增加，而不是在第一轮尝试 10 000 个并发操作。测试用例的设计中应该明确这种方法。

性能测试用例应是可重复执行的，这些测试用例通常针对不同的参数设置、不同的负载条件重复执行。因此，在测试用例设计中说明针对什么条件重复什么测试等细节是有必要的。

性能测试是一种需要很大工作量的工作，因此要为所有的性能测试用例分配不同的优先级，以便高优先级的测试用例能够优先执行。

5.4.3.4 脚本和辅助工具的开发

测试脚本是对业务操作的具体体现，一个脚本就是一个业务的过程描述。在引入性能测试工具后，测试脚本的开发通常是依靠工具提供的录制功能进行"录制"的。将典型的业务在工作中操作一遍，让工具录制操作过程形成脚本，再对其进行修改和调试，确保其可以在性能测试中顺利使用。

除脚本外，测试辅助工具也需要进行开发。这些测试辅助工具通常作为"桩程序""驱动程序"或性能监控的辅助。

5.4.4　引入性能测试工具

在性能测试中，自动化性能测试工具的作用是不可替代的，很难想象一个没有使用任何性能测试工具而完全依靠手工进行的性能测试。即使是脚本的编制，在性能测试中往往会用到测试工具提供的录制功能。

性能测试工具的选择要针对性能测试目标，根据所需的测试工具的功能，来评估选择。特别是在选用商用的性能测试工具时，选用最适合，而不是具有最多功能的工具。可以从以下几个方面考虑：

（1）工具能支持被测系统的运行的平台（软硬件环境、数据库环境）吗？

（2）工具能支持被测系统使用的协议（如 HTTP/HTTPS）吗？

（3）工具能支持例如防火墙、负载均衡、动态页面生成等特殊要求吗？

（4）工具能提供服务器或数据库类型的计数器的监控吗？

（5）工具能提供方便的测试结果分析的辅助功能吗？

（6）工具提供完善的脚本语言功能吗？

另外需要考虑的重点是要明确性能测试工具在测试中具体的应用范围，哪些测试任务由工具完成？测试工具的脚本如何管理？测试过程中的问题由谁来解决？这些问题都需要在测试团队内部达成一致，否则，问题发生时，容易发生争执和推诿。

5.4.5　执行性能测试

在测试工具的帮助下，测试执行非常简单。一般只需要调用自动化脚本就可以完成。测试结果的记录也可以依靠测试工具的监控功能，获取需要收集的性能计数器的值。如果测试工具没有提供性能计数器的监控功能，也可以用一些操作系统提供的工具来获取各性能计数器的值。一种比较好的做法是将获取的数据绘制成图表，以便性能分析使用。图 5-2 给出了一个示例。

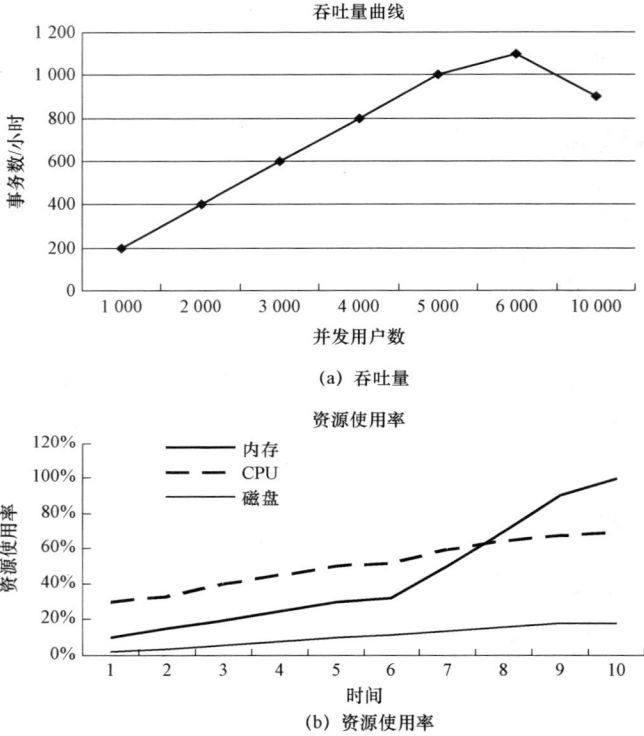

(a) 吞吐量

(b) 资源使用率

图 5-2　性能测试数据图表的表示

5.4.6　分析性能测试结果

分析性能测试结果是性能测试中最复杂的工作。需要测试分析人员具备相当程度的关于软件性能、软件架构和各种性能指标以及统计学方面的知识。

性能分析需要借助各种图表，一般的性能测试工具都提供了报表功能来生成各种图表，还允许对这些图表进行叠加和关联。如果采用自己编写的脚本获取的性能计数器的数值，则可以通过 Excel 等数据处理软件生成图表。

拐点分析法是性能分析中常用的方法之一。该方法的基本思想是，性能产生瓶颈是由于某个资源的使用达到了极限，此时的表现是随着压力增大系统性能表现急剧下降，因此只要关注性能表现上的"拐点"，获得拐点附近的资源使用情况，就能够定位出系统的性能瓶颈。拐点分析法利用性能计数器曲线图上的拐点进行分析，在确定引起系统瓶颈的系统资源方面发挥一定作用，如图 5-2（b）所示。但由于其只能定位到资源上的限制，而不能直接定位到引起制约的原因，因此该方法还必须配合其他方法，才能最终确定真正引起性能瓶颈的最根本原因。可用于进行拐点分析的图表有"负载-响应时间曲线""负载-吞吐量曲线"等，如图 5-2（a）所示。

5.5 性能测试工具

上节我们提到，性能测试工具是性能测试过程中不可或缺的，性能测试工具应用的合理性往往直接决定了测试过程成功与否。一般来说，性能测试工具包括以下部件：

（1）虚拟用户脚本产生器（Virtual User Generator）。

（2）压力产生器（Player）。

（3）用户代理（Agent）。

（4）压力调度和监控系统（Conductor）。

（5）压力结果分析工具（Analysis）。

虚拟用户脚本生成器作为客户端和服务器之间的中间人，接收才能够客户端发送的数据包，记录并将其转发给服务端；接收服务端发回的数据流，记录并返回给客户端。这样客户端和服务端都认为是在一个真实的运行环境中。在截获客户端和服务端的数据流后，虚拟用户脚本生成器将客户端和服务端之间的数据流交互过程转换为脚本语句。

压力产生器根据数据流交互过程脚本内容产生实际的负载。例如，如果一个测试场景需要产生 100 个虚拟用户，则压力产生器会在调度下生成 100 个进程或线程，每个进程或线程都对指定的脚本进行解释执行。

用户代理用于接收调度系统的指令，对产生负载的进程或线程进行调度。用户代理可以看作是压力产生器的组成部分，运行在负载机上。

压力调度和监控系统是性能测试工具中直接与用户交互的。压力调度可以根据用户的场景要求，设置各种不同脚本的虚拟用户数量，设置同步点等。监控系统则可以对各种数据库、服务器的主要性能计数器进行监控。

压力结果分析工具可以辅助分析测试结果。性能测试工具附带的分析工具一般都能将监控系统获取的性能计数器数据生成曲线图、折线图等图表，还可对图表进行叠加和关联，从而从不同侧面揭示压力测试结果。

商用的或免费的性能测试工具有很多，常见的性能测试工具有 LoadRunner、Compuware QALoad、Segue SilkPerformer、Benchmark Factory、Rational Robot、Microsoft WAS（免费）、开源 Jmeter、开源 OpenSTA。

Windows 的任务管理器和 Linux 的 Top 都是可以帮助采集性能计数器相关的数据的工具。几乎所有的操作系统都提供采集网络数据的网络性能监视工具。

需要再次强调的是，性能测试工具只能帮助我们实施性能测试，获取性能数据，并不能帮助我们完成性能测试需求、设计和分析工作。性能测试工具能够提供各种方式的报表，但没有进行性能分析，需要我们根据这些报表提供的数据分析系统性能状况。

第6章　自动化测试及工具

自动化测试是把以人为驱动的测试行为转化为机器执行的一种过程。通常，在设计了测试用例并通过评审之后，由测试人员根据测试用例中描述的规程一步步执行测试，得到实际结果与期望结果的比较。在此过程中，为了节省人力、时间或硬件资源，提高测试效率，便引入了自动化测试的概念。自动测试是软件测试的一个重要组成部分，它能完成许多手工测试无法实现或难以实现的测试正确、合理实施自动测试，能够快速、全面对软件进行测试，从而提高软件质量，节省经费，缩短软件发布周期，见表6-1。

表 6-1　自动化测试工具

序号	工具类型	用途	使用者
1	测试管理工具	测试管理、调度、缺陷记录、跟踪和分析	测试人员
2	配置管理工具	用于实施、执行、跟踪变更	所有团队成员
3	静态分析工具	静态测试	开发商
4	测试数据准备工具	分析设计、测试数据生成	测试人员
5	测试执行工具	实施、执行	测试人员
6	测试比较器	比较预期结果和实际结果	所有团队成员
7	覆盖率测量工具	提供结构覆盖	开发商
8	性能测试工具	监控性能、响应时间	测试人员
9	项目规划和跟踪工具	计划	项目经理
10	事件管理工具	用于管理测试	测试人员

软件测试环境中的工具可以定义为一种产品，它支持一个或多个测试活动，包括规划、需求、创建构建、测试执行、缺陷记录和测试分析。

工具可以根据几个参数进行分类，它包括工具的目的、工具支持的活动、支持的测试类型/级别、许可类型和使用的技术五种。

6.1 QTP

HP Quick Test Professional（QTP）是一种自动化功能测试工具，可帮助测试人员执行自动化回归测试，以识别与被测应用程序的实际/期望结果相反的任何差距、错误/缺陷。本节将深入了解 QTP 及其使用方式、测试记录和回放、对象存储库、操作、检查点、同步点、调试、测试结果等，以及其他相关术语。

6.1.1 QTP 的优点和缺点

6.1.1.1 QTP 的优点

（1）使用 VBScript 开发自动化测试不需要高技能的编码人员，并且与其他面向对象的编程语言相比相对容易。

（2）易于使用、易于导航、结果验证和报告生成。

（3）与测试管理工具（HP-Quality Center）轻松集成，可轻松安排和监控。

（4）也可用于移动应用程序测试。

（5）由于它是 HP 产品，因此由 HP 及其论坛提供全面支持来解决技术问题。

6.1.1.2 QTP 的不足

（1）与 Selenium 不同，QTP 仅适用于 Windows 操作系统。

（2）并非所有版本的浏览器都受支持，测试人员需要等待每个主要版本的补丁发布。

（3）QTP 是一个商业工具，许可成本非常高。

（4）尽管脚本编写时间较短，但执行时间相对较长，因为它会增加 CPU
和 RAM 的负载。

6.1.2　QTP 测试自动化流程

对于任何自动化工具实施，以下是其阶段/阶段，如图 6-1 所示。每个阶
段都对应于一项特定的活动，并且每个阶段都有明确的结果。

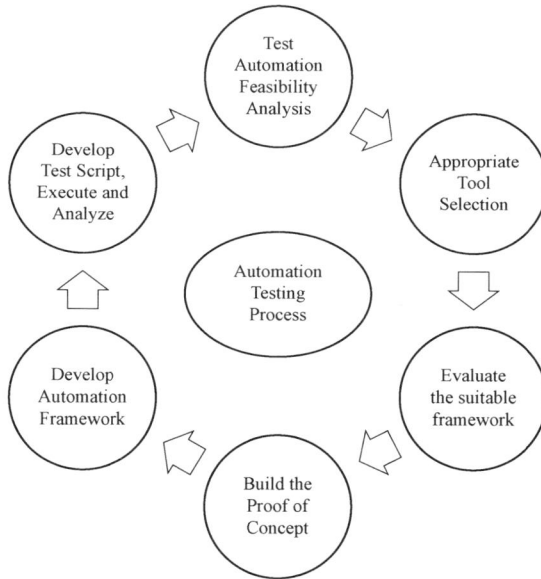

图 6-1　自动化测试流程

（1）测试自动化可行性分析。第一步是检查应用程序是否可以自动化。
由于其局限性，并非所有应用程序都可以自动化。

（2）适当的工具选择。下一个最重要的步骤是选择工具。这取决于构建
应用程序的技术、其功能和用途。

（3）评估合适的框架。选择工具后，下一个活动是选择合适的框架。框架
有很多种，每种框架都有其自身的意义。我们将在本教程后面详细讨论框架。

（4）构建概念验证。概念验证（POC）是通过端到端场景开发的，以评
估该工具是否可以支持应用程序的自动化。它是在端到端场景中执行的，这

确保了主要功能可以自动化。

（5）开发自动化框架。构建 POC 后，进行框架开发，这是任何测试自动化项目成功的关键一步。应在认真分析应用程序所使用的技术及其关键功能后构建框架。

（6）开发测试脚本、执行和分析。脚本开发完成后，将执行脚本、分析结果并记录缺陷（如果有）。测试脚本通常是受版本控制的。

6.1.3 QTP 录制和回放

录制测试相当于录制被测应用程序的用户操作，以便 UFT 自动生成可以回放的脚本。如果初始设置正确，录制和回放可以给我们对该工具的第一印象，无论它是否支持该技术。

录制和回放可以用作验证 UFT 是否可以支持该技术/应用的初步调查方法，也用于创建测试应用程序的基本功能或不需要长期维护的特性，可用于记录鼠标移动和键盘输入。

6.1.3.1 录制和回放的步骤

（1）从起始页单击"新建"测试，如图 6-2 所示。

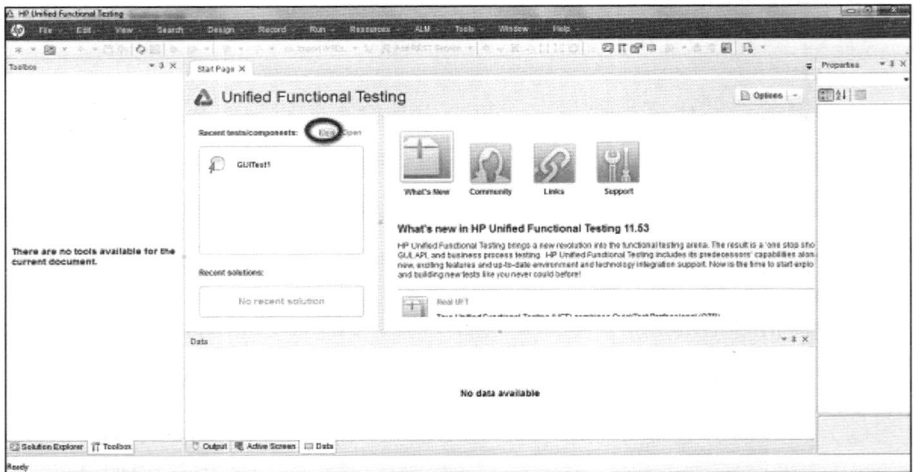

图 6-2 主页中的新测试选择

（2）单击"新建"链接，将打开一个新的测试窗口，用户需要选择测试类型。选择"GUI Test"，为测试指定名称以及需要保存的位置，如图 6-3 所示。

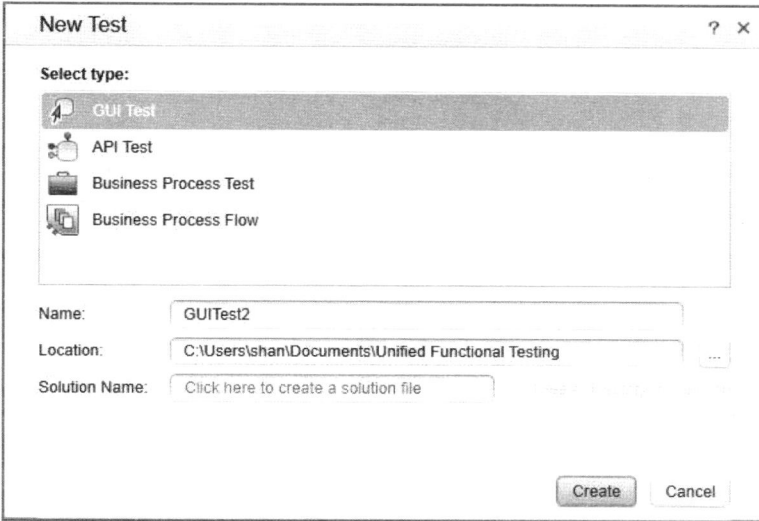

图 6-3　选择测试类型

（3）创建新测试后，新测试屏幕将打开，如下所示。现在，单击"Action1"选项卡，该选项卡默认创建有 1 个操作，如图 6-4 所示。

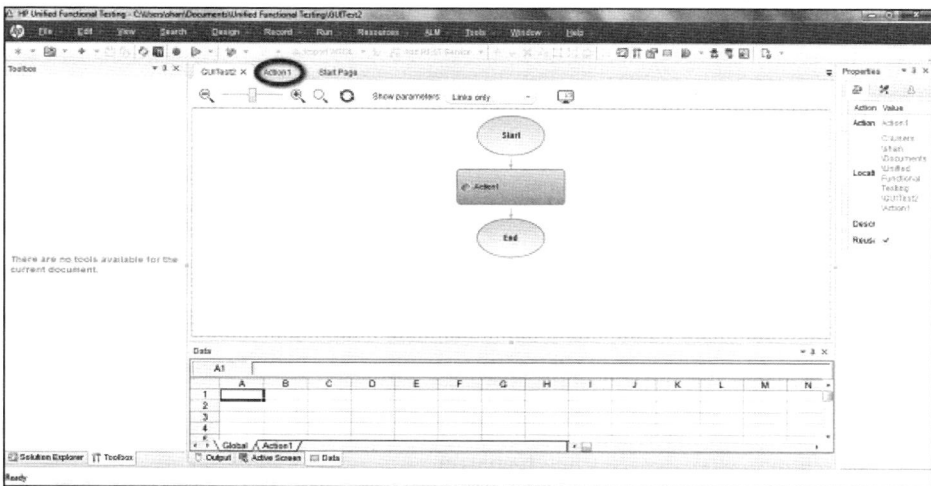

图 6-4　选择测试类型

（4）单击"录制"菜单并选择"录制和运行设置"，如图 6-5 所示。

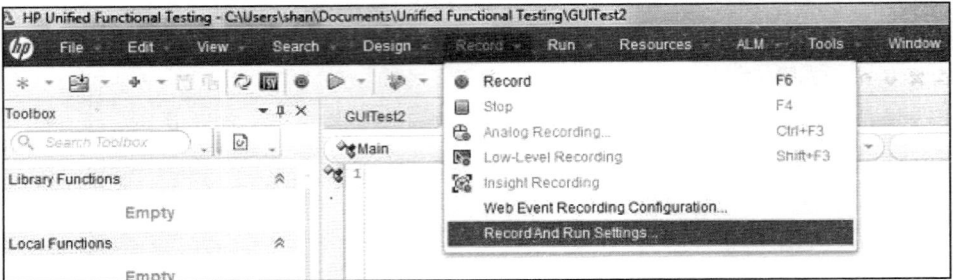

图 6-5　记录和运行设置

（5）"记录和运行设置"对话框打开，根据应用程序的类型，可以选择 Web、Java 或 Windows 应用程序。例如，在这里，我们将记录一个基于 Web 的应用程序，如图 6-6 所示。

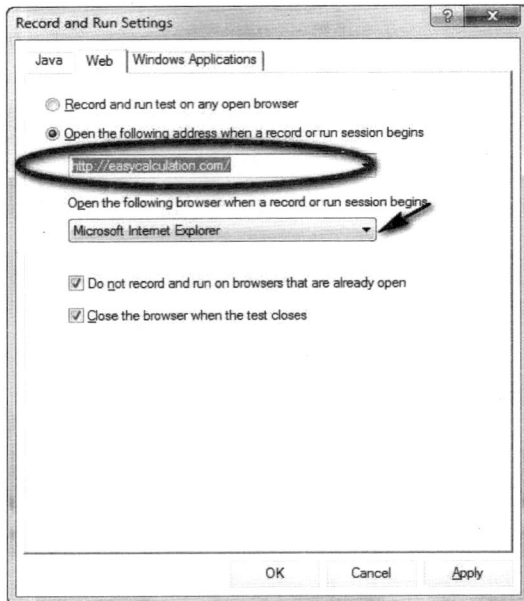

图 6-6　记录和运行设置

（6）单击"录制"。Internet Explorer 根据设置自动打开，网址为 https://www.easycalculation.com/。单击"代数"下的"数字"链接，输入一个数字，然后单击"计算"。操作完成后，单击记录面板中的"停止"按钮，会注意到生成的脚本如图 6-7 所示。

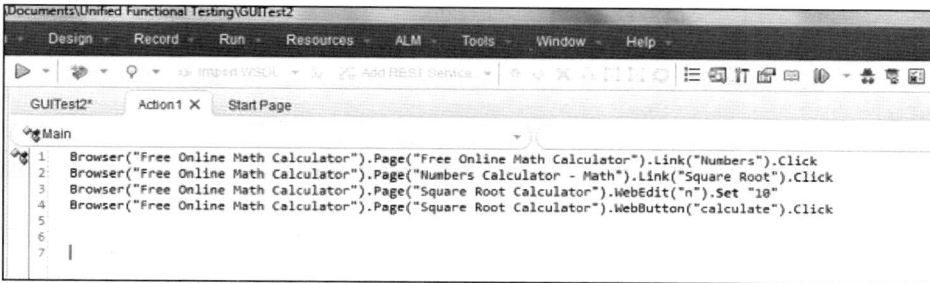

图 6-7 生成的脚本

（7）现在通过单击播放按钮来播放脚本。脚本会重播并显示结果，如图 6-8 所示。

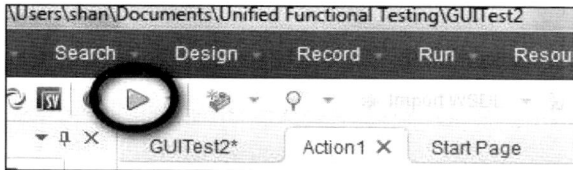

图 6-8 回放脚本

（8）默认情况下，结果窗口打开，其中准确显示执行、通过和失败步骤的时间戳，如图 6-9 所示。

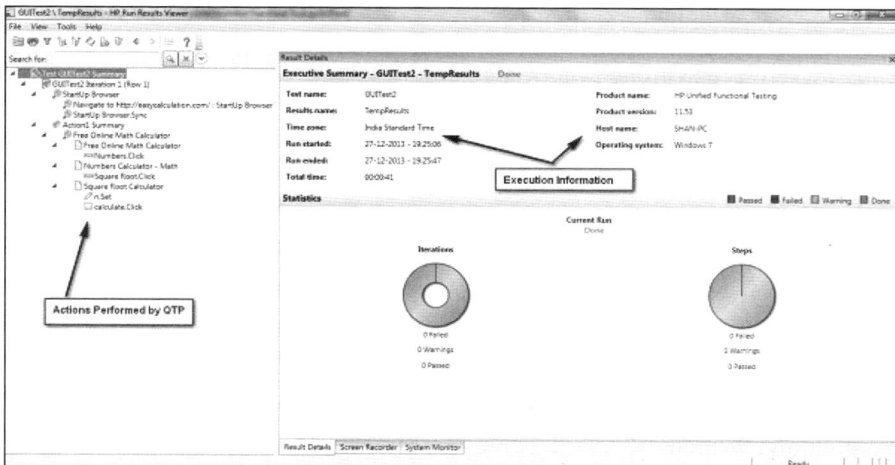

图 6-9 结果窗口分析

6.1.3.2　录制模式的选择

QTP 的录制有正常录制、模拟录制、低级录制和 InsightRecording 四种模式。

（1）正常记录是默认记录模式，记录对象以及在被测应用程序上执行的操作。

（2）模拟记录不仅记录键盘操作，还记录鼠标相对于屏幕或应用程序窗口的移动。

（3）低级记录对象的确切坐标，与 UFT 是否识别对象无关。它只记录坐标，因此不记录鼠标移动。

（4）Insight Recording-UFT 根据其外观而不是其本机属性来记录操作。

6.1.3.3　默认、模拟和低级别录制模式下录制的脚本

默认、模拟和低级别录制模式下录制的脚本如下：

```
'DEFAULT RECORDING MODE
Browser("Free Online Math Calculator"). Page ("Free Online Math
Calculator"). Link("Numbers").Click
Browser("Free Online Math Calculator"). Page ("Numbers Calculator-
Math").Link("Square Root").Click
Browser("Free Online Math Calculator"). Page ("Square Root
Calculator"). WebEdit("n").Set "10"
Browser("Free Online Math Calculator"). Page ("Square Root
Calculator"). WebButton ("calculate"). Click
'ANALOG RECORDING MODE
Desktop.RunAnalog "Track1"
'LOW LEVEL RECORDING MODE
Window("Windows Internet Explorer"). WinObject ("Internet Explorer_
Server"). Click
```

150

235,395

Window ("Windows Internet Explorer"). WinObject ("Internet Explorer_
Server"). Click

509,391

Window ("Windows Internet Explorer"). WinObject ("Internet Explorer_
Server"). Click

780,631

Window ("Windows Internet Explorer"). WinObject ("Internet Explorer_
Server"). Type

"10"

Window ("Windows Internet Explorer"). WinObject ("Internet Explorer_
Server"). Click

757,666

6.1.3.4　洞察记录模式的记录

洞察记录模式的记录见表 6-2。

表 6-2　洞察记录模式

```
' INSIGHT RECORDING MODE

Browser("Free Online Math Calculator").InsightObject(      ).Click

Browser("Free Online Math Calculator").InsightObject(      ).Click

Browser("Free Online Math Calculator").InsightObject(      ).Click
Browser("Free Online Math Calculator").InsightObject(            ).Click
Window("Windows Internet Explorer").WinObject("Internet Explorer_Server").Type "10"

Browser("Free Online Math Calculator").InsightObject(  ).Click

Browser("Free Online Math Calculator").InsightObject( calculate ).Click
```

6.1.4　QTP 对象存储库

对象存储库是对象和属性的集合，QTP 将能够使用它来识别对象并对其进行操作。当用户记录测试时，默认情况下会捕获对象及其属性。如果不了解对象及其属性，QTP 将无法回放脚本，见表 6-3。

表 6-3　Table 1QTP 对象存储库

序号	主题和描述
1	**对象间谍及其特点** 了解对象间谍的用法及其相关功能。
2	**使用对象存储库** 从对象存储库中添加、编辑、删除对象及其相关功能。
3	**对象存储库的类型** 处理共享对象和本地对象存储库及其与脚本相关的上下文。
4	**用户定义的对象** 处理使用用户定义对象的情况。
5	**XML 中的对象存储库** 处理将 OR 转换为 XML 并将对象存储库用作 XML。
6	**比较和合并 OR** 比较 OR'、合并 OR 等操作可有效地与对象存储库配合使用。
7	**序数标识符** 使用序数标识符的情况及其优点。
8	**子对象** 使用子对象进行有效的脚本编写。

6.1.5　QTP 行动

Actions 帮助测试人员将脚本分成 QTP 语句组。动作类似于 VBScript 中的函数；然而，还是有一些差异。默认情况下，QTP 使用一个操作创建一个测试，见表 6-4。

表 6-4　Table 2QTP 行动

行动	功能
Action 是 QTP 的内置功能	VBScript 和 QTP 均支持 VBScript 函数
操作参数仅按值传递	函数参数可以按值传递，也可以按引用传递
操作的扩展名为.mts	函数另存为.vbs 或.qfl
操作可能可重用，也可能不可重用	函数总是可重用的

通过右键单击脚本编辑器窗口并选择"属性"来访问操作的属性，如图 6-10 所示。

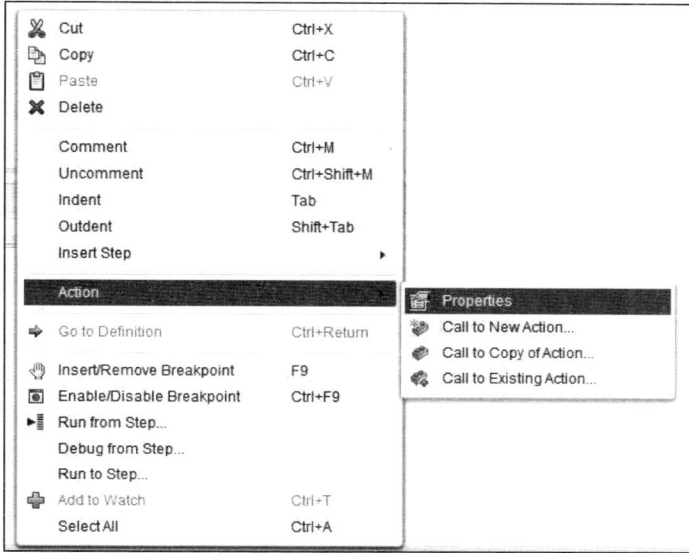

图 6-10　属性

操作属性主要包含动作名称、地点、可重复使用的旗帜、输入参数和输出参数等信息。行动有不可重用的操作、可重用操作和外部可重用操作三种。

（1）不可重用的操作。只能在设计它的特定测试中调用的操作，并且只能调用一次。

（2）可重用操作。可以多次调用它所在的任何测试的操作，也可以由任何其他测试使用。

（3）外部可重用操作。这是存储在另一个测试中的可重用操作。外部操作在调用测试中是只读的，但可以通过外部操作的数据表信息的可编辑副本在本地使用。

可以使用三个选项来插入操作。单击其中每一项即可了解有关所选操作类型的更多信息，见表 6-5。

表 6-5 操作属性选项

序号	动作类型和描述
1	**插入对新操作的号召** 从现有操作中插入新操作。
2	**插入对操作副本的号召性用语** 插入现有操作的副本。
3	**插入对现有操作的调用** 插入对现有可重用操作的调用。

6.1.6 QTP 数据表

DataTable 可以帮助测试人员创建可用于多次运行 Action 的数据驱动测试用例。有两种类型的数据表。

（1）本地数据表。每个操作都有自己的私有数据表，又称本地数据表，也可以跨操作访问。

（2）全局数据表。每个测试都有一个可跨操作访问的全局数据表。可以从 QTP 的"数据"选项卡访问数据表，如图 6-11 所示。

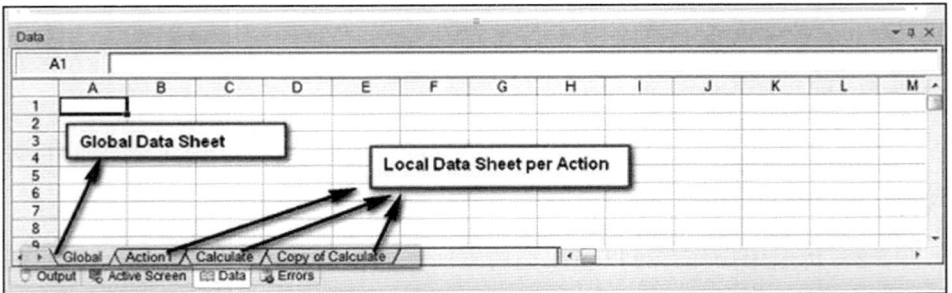

图 6-11 访问数据表

要执行某个指定迭代次数的测试用例，可以在"测试设置"对话框中设置全局数据表的迭代，可以使用"文件"→"设置"→"运行"（Tab）访问该对话框，如图 6-12 所示。

数据表操作访问 DataTable 的对象分为三种类型。通过遍历以下内容可以很好地理解数据表操作，见表 6-6。

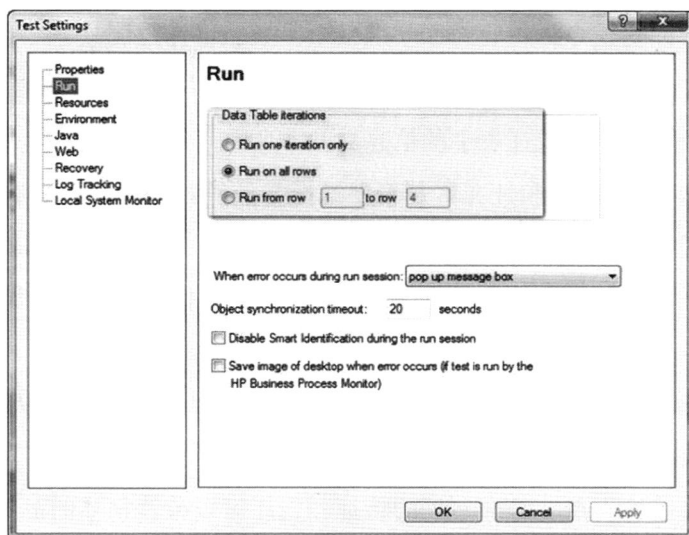

图 6-12 执行迭代次数的测试用例

表 6-6 DataTable 对象类型

序号	对象类型和描述
1	数据表方法 提供有关数据表方法的详细信息。
2	DTParameter 对象方法 提供有关 DTParameter 方法的详细信息。
3	DTSheet 对象方法 提供有关 DTSheet 方法的详细信息。

6.1.7 QTP 的检查点

检查点是指将指定属性的当前值或对象的当前状态与预期值进行比较的验证点，可以在脚本中的任何时间点插入。

6.1.7.1 检查点的类型

QTP 的检查点主要分标准检查点、位图检查点等 10 类。

（1）标准检查站。验证受测试应用程序中对象的属性值并受所有加载项环境支持。

（2）位图检查点。将应用程序的某个区域验证为位图。

（3）文件内容检查点。验证动态生成或访问的文件（如.txt、.pdf）中的文本。

（4）表检查点。验证表中的信息。并非所有环境都受支持。

（5）文本检查点。验证文本是否根据指定条件显示在基于 Windows 的应用程序中的定义区域内。

（6）文本区域检查点。根据指定条件验证文本字符串是否显示在基于 Windows 的应用程序中的定义区域内。

（7）无障碍检查点。验证页面并报告网站中可能不符合万维网联盟（W3C）Web 内容可访问性指南的区域

（8）页面检查点。验证网页的特征。它还可以检查损坏的链接。

（9）数据库检查点。验证被测应用程序访问的数据库的内容。

（10）XML 检查点。验证.xml 文档或网页和框架中的.xml 文档的内容。

6.1.7.2　插入检查点

当用户想要插入检查点时，必须确保大多数检查点仅在记录会话期间受支持。一旦用户停止记录，检查点就不会启用。下面给出的是当用户不处于录制模式时的检查点菜单，如图 6-13 所示。

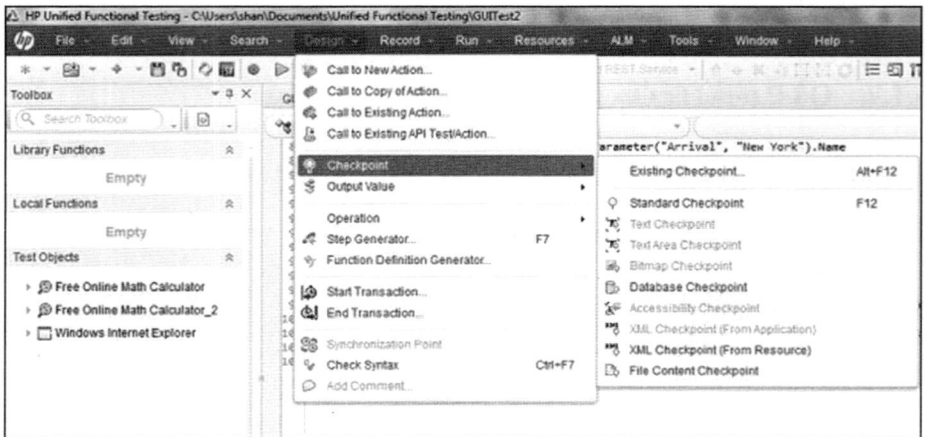

图 6-13　不处于录制模式检查点

下面给出的是用户处于录制模式时的检查点菜单，如图 6-14 所示。

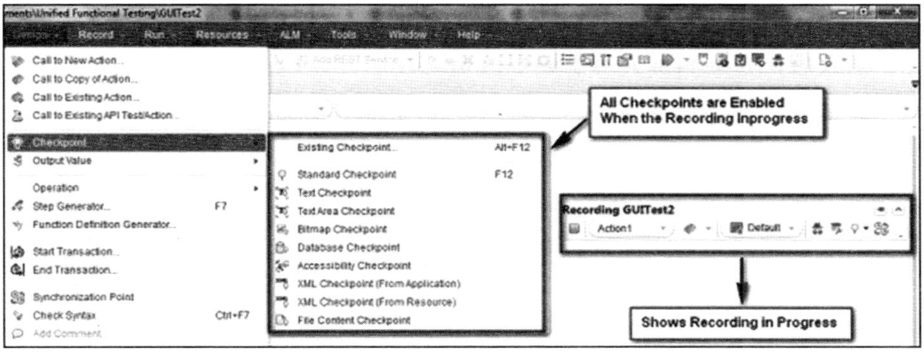

图 6-14　录制模式检查点

为正在测试的应用程序添加检查点的脚本：

'1.Inserted Standard Checkpoint

Status = Browser ("Math Calculator"). Page ("Math

Calculator"). Link ("Numbers"). Check CheckPoint ("Numbers")

If Status Then

print "Checkpoint Passed"

Else

Print "Checkpoint Failed"

End if

'2.Inserted BitMap Checkpoint

imgchkpoint = Browser ("Math Calculator"). Page ("Math

Calculator"). Image ("French"). Check CheckPoint("French")

If imgchkpoint Then

print "Checkpoint Passed"

Else

Print "Checkpoint Failed"

End if

6.1.7.3 查看检查点属性

插入后，如果测试人员想要更改值，我们可以通过右键单击脚本的关键
字"检查点"并导航到"检查点属性"来实现，如图 6-15 所示。

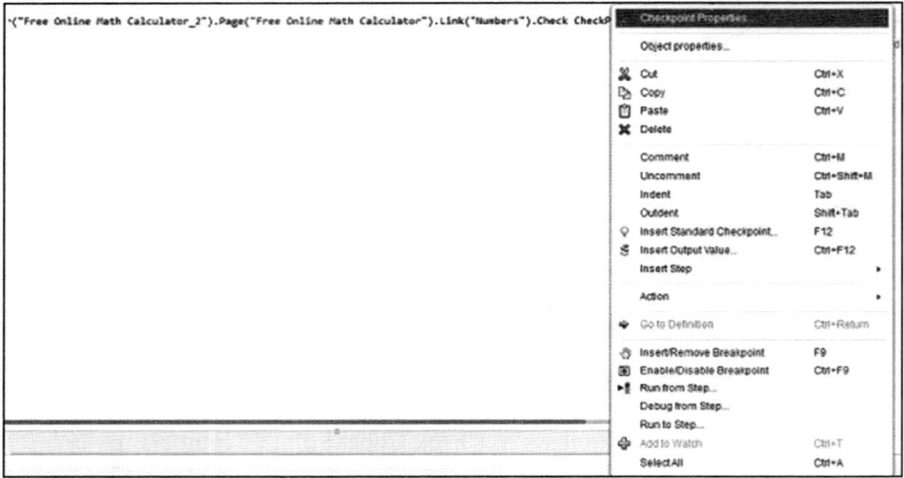

图 6-15 修改检查点属性

也可以在对象存储库中找到相同的检查点，如图 6-16 所示。它准确地显
示了使用的检查点类型以及期望值和超时值。

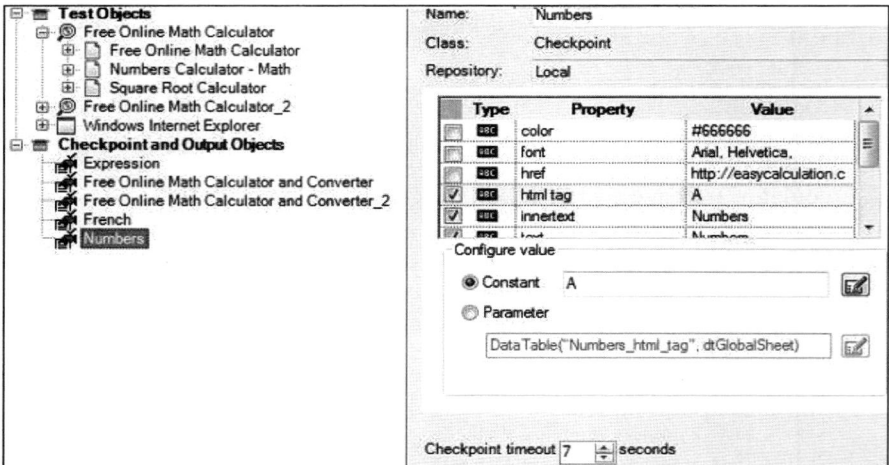

图 6-16 查找相同检查点

6.2　QTP-同步

同步点是被测工具和应用程序之间的时间接口。同步点是指定测试脚本的两个步骤之间的延迟时间的功能。

例如，点击一个链接可能需要 1 秒，有时 5 秒，甚至可能需要 10 秒才能完全加载页面。它取决于多种因素，例如应用程序服务器响应时间、网络带宽和客户端系统功能。

如果时间变化，则脚本将失败，除非测试人员智能地处理这些时间差异。

插入同步点有等待属性、存在、等待、同步和插入 QTP 内置同步点五种方法。

比方说，我们需要在单击"www.easycalculation.com"中的"数字"链接和单击"简单利息"计算器之间插入一个同步点。现在我们将看看针对上述场景插入同步点的所有五种方法。

方法 1：WaitProperty。WaitProperty 是一种方法，它将属性名称、值和超时值作为输入来执行同步。这是一个动态的等待，因此鼓励这种选择。

'Method 1-WaitProperty with 25 seconds

Dim obj

Set obj = Browser（"Math Calculator"）.Page（"Math Calculator"）

obj.Link（"Numbers"）.Click

obj.Link（"Simple Interest"）.WaitProperty "text"，"Simple Interest"，25000

obj.Link（"Simple Interest"）.Click

方法 2：存在。Exist 是一种将超时值作为输入来执行同步的方法。同样，这是一个动态等待，因此鼓励这种选择。

'Method 2:Exist Timeout-30 Seconds

Dim obj

Set obj = Browser ("Math Calculator"). Page ("Math Calculator")

obj.Link ("Numbers"). Click

If obj.Link ("Simple Interest"). Exist (30) Then

obj.Link ("Simple Interest"). Click

Else

Print "Link NOT Available"

End IF

方法 3：等待。等待是一个硬编码的同步点，它的等待与事件是否发生无关。因此，不鼓励使用 Wait，并且可以使用较短的等待时间，如 1 或 2 秒。

'Method 3:Wait Timeout-30 Seconds

Dim obj

Set obj = Browser ("Math Calculator"). Page ("Math Calculator")

obj.Link("Numbers").Click

wait(30)

Browser ("Math Calculator"). Page ("Math Calculator"). Link ("Simple Interest"). Click

方法 4：同步方法。同步方法只能用于页面加载之间始终存在延迟的 Web 应用程序。

'Method 4:

Dim obj

Set obj = Browser ("Math Calculator"). Page ("Math Calculator")

obj.Link ("Numbers"). Click

Browser ("Math Calculator"). Sync

Browser ("Math Calculator"). Page ("Math Calculator"). Link ("Simple Interest"). Click

方法 5：插入 QTP 内置同步点。

步骤 1：进入录音模式。如果用户未处于录制模式，则此选项将被禁用。

步骤 2：转到"设计"→"同步点"。

步骤 3：我们需要选择我们想要作为同步点的对象。选择对象后，对象窗口打开。

步骤 4：单击"确定"；"添加同步窗口"打开。选择属性、值和超时值，然后单击"确定"。

步骤 5：将生成如下所示的脚本，这与我们已经讨论过的 WaitProperty（方法 1）的脚本相同。

Browser ("Math Calculator"). Page ("Math Calculator"). Link ("Numbers"). Click

Browser ("Math Calculator"). Page ("Math Calculator"). Link ("Simple Interest"). WaitProperty "text","Simple Interest", 10000

默认同步。

当用户没有使用上述任何同步方法时，QTP 仍然有一个内置的对象同步超时，可以由用户调整。

导航到"文件"＞＞"设置"＞＞"运行"选项卡＞＞"对象同步超时"。

6.2.1　QTP 智能识别

在自动化测试环境中，调试是发现和修复自动化脚本中的编码问题的系统过程，以便脚本更加坚实并可以发现应用程序中的缺陷。

在 QTP 中使用断点进行调试的方法有多种。只需按"F9"或使用菜单选项"运行"→"插入/删除断点"即可插入断点。

插入断点后，"红色"点和线将以红色突出显示，如图 6-17 所示。

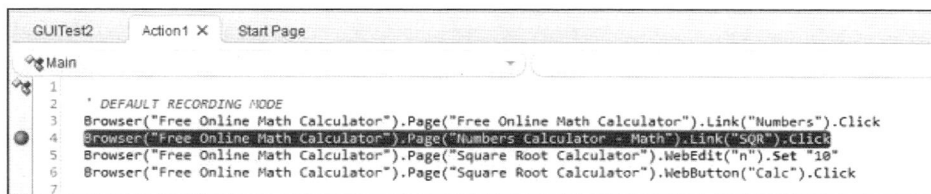

图 6-17　断点调试

快捷键见表 6-7。

表 6-7　快捷键

方法	快捷键	描述
步入	F11	用于执行每个步骤。单步执行函数/操作并逐行执行。执行后它会在每一行暂停
跨过	F10	用于单步跳过函数。Step Over 仅运行活动文档中的当前步骤
走出去	Shift+F11	Step Into 函数后,可以使用 Step Out 命令。Step Out 继续运行到函数末尾,然后在下一行暂停运行会话

6.2.2　错误处理

QTP 中有多种处理错误的方法。使用 QTP 时可能会遇到语法错误、逻辑错误和运行时错误三种类型。

6.2.2.1　语法错误

语法错误是指拼写错误或一段与 VBscripting 语言语法不符的代码。代码编译时会出现语法错误,错误修复后才能执行。

要验证语法,请使用键盘快捷键 Ctrl+F7,结果显示如图 6-18 所示。如果未显示该窗口,可以导航至"查看"→"错误"。

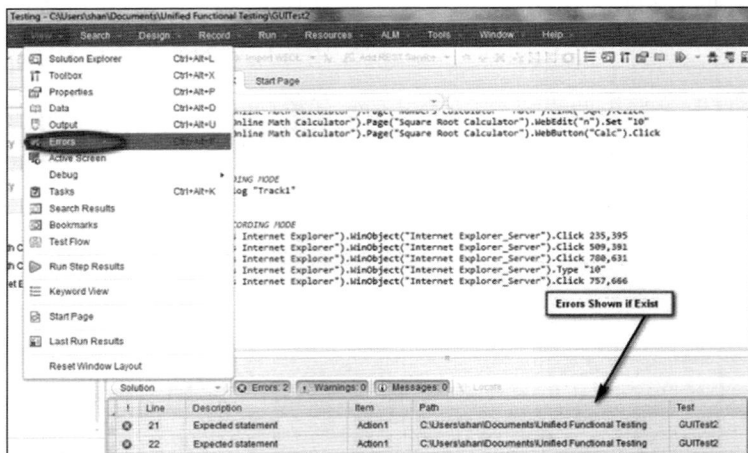

图 6-18　语法错误

6.2.2.2　逻辑错误

如果脚本语法正确但产生意外结果，则称为逻辑错误。逻辑错误通常不会中断执行，但会产生不正确的结果。逻辑错误可能由于多种原因而发生，即错误的假设或对需求的误解，有时是错误的程序逻辑（使用 do-while 而不是 do-Until）或无限循环。

检测逻辑错误的方法之一是执行同行评审并验证 QTP 输出文件/结果文件，以确保该工具按照预期的方式执行。

6.2.2.3　运行时错误

运行时错误发生在运行时期间。此类错误的原因是尝试执行某些操作的脚本无法执行此操作，并且脚本通常会停止，因为它无法继续执行。运行时错误的经典示例是：

（1）未找到文件，但脚本尝试读取该文件。

（2）未找到对象，但脚本正在尝试对该特定对象执行操作。

（3）将数字除以零。

（4）访问数组元素时数组索引越界。

6.2.2.4　处理运行时错误

有多种方法可以处理代码中的错误。

1. 使用测试设置

可以通过导航到"文件" >> "设置" >> "运行"选项卡来定义错误处理，如图 6-19 所示。我们可以选择任何指定的设置，然后单击"确定"。

2. 使用 On Error 语句

"On Error"语句用于通知 VBScript 引擎测试人员处理运行时错误的意图，而不是允许 VBScript 引擎显示用户不友好的错误消息。

163

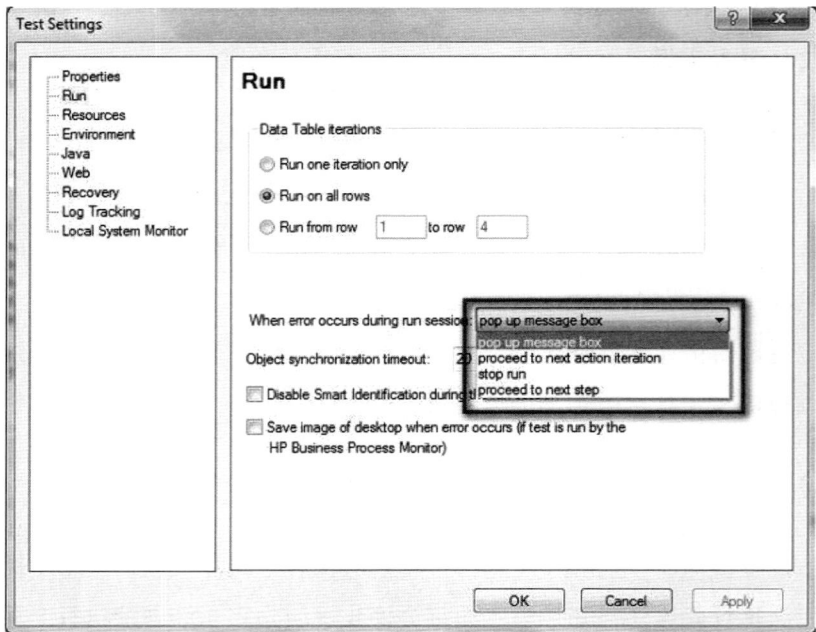

图 6-19　处理运行时错误

● On Error Resume Next：On Error Resume Next 通知 VBScript 引擎在遇到错误时处理执行下一行代码。

● On error Goto 0：这有助于测试人员关闭错误处理。

3. 使用 Err 对象

错误对象是 VBScript 中的内置对象，它捕获运行时错误号和错误描述，我们可以通过它们轻松调试代码。

● Err.Number-Number：属性返回或设置指定错误的数值。如果 Err.Number 值为 0，则表示未发生错误。

● Err.Description：描述属性返回或设置有关错误的简短描述。

● Err.Clear：Clear 方法重置 Err 对象并清除与其关联的所有先前值。

例子：

'Call   the function to Add two Numbers Call Addition (num1,num2)

```
Function Addition(a,b)
    On error resume next
        If NOT IsNumeric(a)or IsNumeric(b)Then
            Print "Error number is   "&  err.number &" and description is:
"&  err.description
            Err.Clear
            Exit Function
        End If
    Addition = a+b


    'disables error handling
    On Error Goto 0
End function
```

4. 使用 Exit 语句

Exit 语句可以与 Err 对象一起使用，根据 Err.Number 值退出测试、操作或迭代。让我们详细看看每一个 Exit 语句。

- ExitTest：退出整个 QTP 测试，无论运行时迭代设置是什么。

- ExitAction：退出当前操作。

- ExitActionIteration：退出操作的当前迭代。

- ExitTestIteration：退出 QTP 测试的当前迭代并继续下一次迭代。

5. 恢复场景

遇到错误时，根据某些条件触发恢复场景，并在单独的章节中详细介绍。

6. 报告对象

报告对象帮助我们向运行结果报告事件。它帮助我们确定相关操作/步骤是否通过/失败。

```
'Syntax:Reporter.ReportEventEventStatus,ReportStepName,Details,
[ImageFilePath]
```

'Example

Reporter.ReportEvent micFail,"Login","User is unable to Login."

6.2.3　QTP-恢复场景

在执行 QTP 脚本时，我们可能会遇到一些意想不到的错误。为了从这些意外错误中恢复测试并继续执行脚本的其余部分，使用了恢复场景。可以通过导航到"资源"→恢复方案管理器来访问恢复方案管理器。

6.2.3.1　创建恢复场景的步骤

（1）单击"新建"恢复方案按钮；恢复方案向导打开

（2）选择触发事件，它对应于事件，可能出现在弹出窗口、对象状态、测试运行错误和应用程序崩溃四个事件中的任何一个中。

（3）恢复操作窗口打开。恢复操作可以执行以下任何操作。

（4）指定适当的恢复操作后，我们还需要指定恢复后操作。

（5）指定恢复后操作后，应命名恢复场景并将其添加到测试中，以便可以激活它。

（6）恢复场景创建已完成，需要通过选中"将场景添加到当前测试"选项来映射到当前测试，然后单击"完成"。

（7）添加恢复，然后单击"关闭"按钮继续。

（8）单击"关闭"按钮后，QTP 将提示用户保存创建的恢复场景。它将以扩展名.qrs 保存，并且向导将关闭。

6.2.3.2　确认

创建的恢复场景现在应该是测试的一部分，可以通过导航到"文件"→"设置"→"恢复"选项卡进行验证。

6.3　QTP-库文件

为了使脚本模块化，在 QTP 脚本中添加了库文件。它包含变量声明、函数、类等。它们实现了可在测试脚本之间共享的可重用性。它们以扩展名.vbs 或.qfl 保存。

可以通过导航到"文件"＞＞"函数库"来创建新的库文件。

方法 1：使用"文件"＞"设置"＞资源＞关联函数库选项。单击"＋"按钮添加函数库文件并使用实际路径或相对路径添加，如图 6-20 所示。

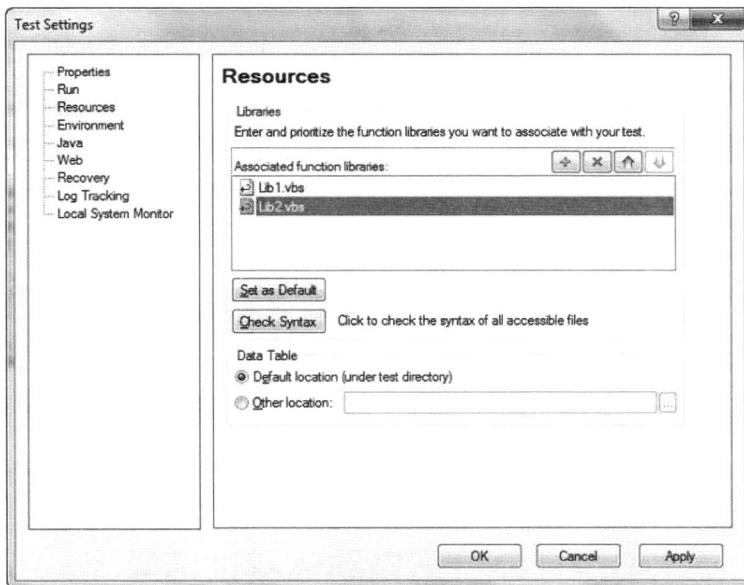

图 6-20　关联函数库

方法 2：使用 ExecuteFile 方法。

'Syntax:ExecuteFile(Filepath)

ExecuteFile "C:\lib1.vbs"

ExecuteFile "C:\lib2.vbs"

方法 3：使用 LoadFunctionLibrary 方法。

'Syntax:LoadFunctionLibrary(Filepath)

LoadFunctionLibrary "C:\lib1.vbs"

LoadFunctionLibrary "C:\lib2.vbs"

方法 4：自动化对象模型（AOM）。AOM 是一种机制，使用它，我们可以控制 QTP 之外的各种 QTP 操作。使用 AOM，我们可以启动 QTP，打开测试，关联函数库等。以下 VbScript 应以扩展名.vbs 保存，执行后，QTP 将启动，测试将开始执行。AOM 将在后面的章节中详细讨论。

'Launch QTP

Set objQTP = CreateObject ("QuickTest.Application")

objQTP.Launch

objQTP.Visible = True

'Open the test

objQTP.Open "D:\GUITest2",False,False

Set objLib = objQTP.Test.Settings.Resources.Libraries

'Associate Function Library if NOT associated already.

If objLib.Find ("C:\lib1.vbs") = -1 Then

objLib.Add "C:\lib1.vbs",1

End

6.4　QTP-自动化测试结果

6.4.1　检测结果

测试结果窗口提供了足够的信息来显示通过、失败的步骤等。结果窗口在执行测试后自动打开（根据默认设置）。显示已经通过的步骤、失败步骤、环境参数和图形统计等信息，如图 6-21 所示。

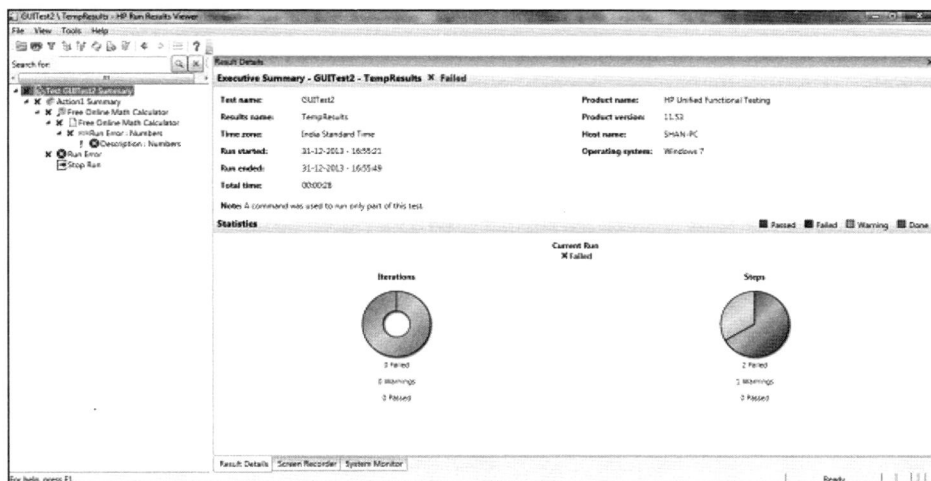

图 6-21 检测结果

6.4.2 测试结果中执行的操作

6.4.2.1 将结果转换为 HTML

在结果查看器窗口中，导航至"文件"→"导出到文件"。导出运行结果对话框打开，如图 6-22 所示。

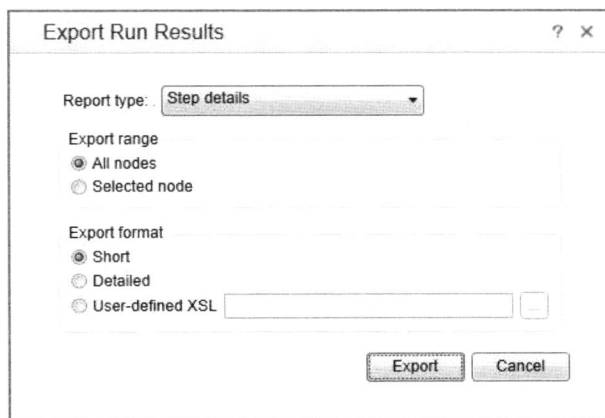

图 6-22 结果转换成 HTML

169

我们可以选择要导出的报告类型，它可以是简短的结果，可以是详细的结果，甚至可以选择节点。选择文件名并导出后，文件将另存为.HTML 文件。

6.4.2.2　过滤结果

可以根据状态、节点类型和迭代来过滤结果。可以通过使用"测试结果窗口"中的"过滤器"按钮来访问它，如图 6-23 所示。

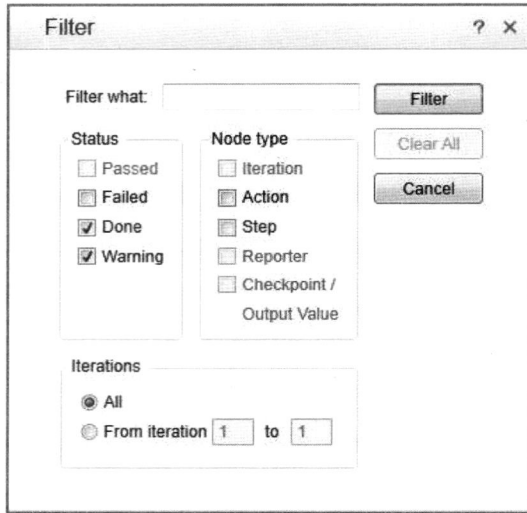

图 6-23　过滤结果

6.4.2.3　提出缺陷

可以通过访问"工具"→"添加缺陷"直接从测试结果窗口窗格将缺陷记录到 QC 中，这将打开与 ALM 的连接，如图 6-24 所示。

6.4.3　导出结果

自动测试结果窗口可以在"工具"→"选项"→"运行会话"选项卡下配置。如果需要，我们可以将其关闭，并且还可以打开"会话结束时自动导出结果"，如图 6-25 所示。

图 6-24　提出缺陷

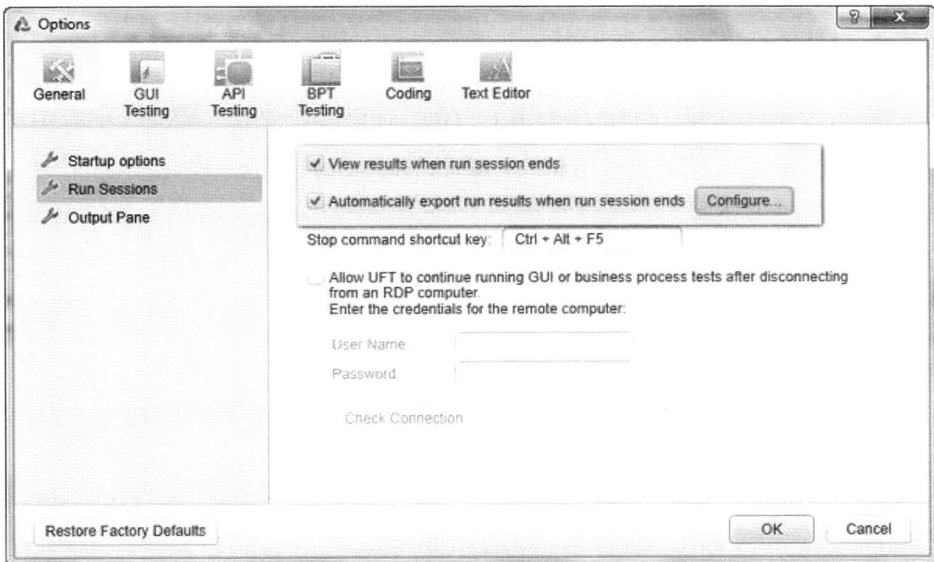

图 6-25　导出结果

　　根据设置可以录制屏幕截图或视频。可以在"工具"→"选项"→"屏幕捕获"选项卡下进行相同的配置。我们可以根据对于错误、总是和对于错误和警告三个条件保存屏幕截图，如图 6-26 所示。

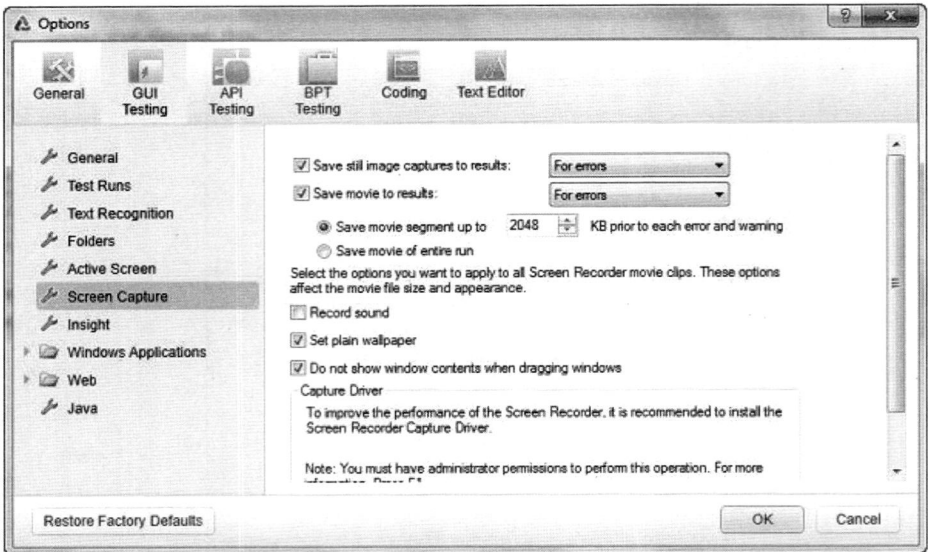

图 6-26　录制屏幕

6.4.4　GUI 对象的基本方法

在脚本执行期间，QTP 会与各种 GUI 对象进行交互。因此，了解关键 GUI 对象的基本方法非常重要，可以使用它来有效地处理它。

6.4.4.1　使用文本框

以下是我们在运行时访问文本框的方法：

（1）设置。帮助测试人员将值设置到文本框中。

（2）单击。单击文本框。

（3）SetSecure。用于安全地设置密码框中的文本。

（4）WaitProperty。等待直到属性值变为 true。

（5）Exist。检查文本框是否存在。

（6）GetROProperty（"text"）。获取文本框的值。

（7）GetROProperty（"Visible"）。如果可见则返回布尔值。

例子：

Browser ("Math Calculator"). Sync

SetObj=Browser ("Math Calculator"). Page ("SQR Calc"). WebEdit("n")

'Clicks on the Text Box

Obj.Click

'Verifyif the ObjectExist-ReturnsBooleanvalue

a = obj.Exist

print a

'Set the value

obj.Set "10000":wait(2)

'Get the RuntimeObjectProperty-Valueof the TextBox

val = obj.GetROProperty ("value")

print val

'Get the Run Time Object Property-Visiblility-Returns Boolean Value

x = Obj.GetROProperty ("visible")

print x

6.4.4.2　使用复选框

以下是使用复选框的一些关键方法：

（1）设置。帮助测试人员将复选框值设置为"ON"或"OFF"。

（2）单击。单击复选框。即使检查开或关，但用户无法确定状态。

（3）WaitProperty。等待直到属性值变为 true。

（4）Exist。检查复选框是否存在。

（5）GetROProperty（"name"）。获取复选框的名称。

（6）GetROProperty（"Visible"）。如果可见则返回布尔值。

例子：

'To Check the Check Box

Set Obj = Browser ("Calculator"). Page("Gmail"). WebCheckBox ("PersistentCookie")

Obj.Set "ON"

'ToUnCheck the CheckBox

Obj.Set"OFF"

'Verifies the Existance of the Check box and returns Boolean Value

val = Obj.Exist

print val

'Fetches the Nameof the CheckBox

a =Obj.GetROProperty ("name")

print a

'Verifies the visible property and returns the boolean value.

x = Obj.GetROProperty("visible")

print x

6.4.4.3　使用单选按钮

以下是使用单选按钮的一些关键方法：

（1）Select（RadioButtonName）。帮助测试人员将单选框设置为"ON"。

（2）单击。单击单选按钮。即使单选按钮打开或关闭，但测试仪无法获取状态。

（3）WaitProperty。等待直到属性值变 true。

（4）Exist。检查单选按钮是否存在。

（5）GetROProperty（"name"）。获取单选按钮的名称。

（6）GetROProperty（"Visible"）。如果可见则返回布尔值。

例子：

'Select the Radio Button by name "YES"

Set Obj = Browser ("Calculator"). Page ("Forms"). WebRadioGroup ("group1")

Obj.Select ("Yes")

'Verifies the Existanceof the RadioButtonand returns BooleanValue

val =Obj.Exist

print val

'Returns the Outerhtml of the Radio Button

txt = Obj.GetROProperty("outerhtml")

print text

'Returns the booleanvalueifRadio button isVisible.

vis =Obj.GetROProperty("visible")

print vis

6.4.4.4 使用组合框

以下是使用组合框的一些关键方法：

（1）Select（Value）。帮助测试人员从组合框中选择值。

（2）单击。单击对象。

（3）WaitProperty。等待直到属性值变 true。

（4）Exist。检查组合框是否存在。

（5）GetROProperty（"Text"）。获取组合框的选定值。

（6）GetROProperty（"all items"）。返回组合框中的所有项目。

（7）GetROProperty（"items count"）。返回组合框中的项目数。

例子：

'Get the List of all the Items from the ComboBox

Set ObjList = Browser ("Math Calculator"). Page ("Statistics"). WebList ("class")

x = ObjList.GetROProperty ("all items")

print x

'Get the NumberofItemsfrom the ComboBox

y =ObjList.GetROProperty ("items count")

print y

'Get the text value of the Selected Item

z = ObjList.GetROProperty ("text")

print z

6.4.4.5 使用按钮

以下是使用按钮的一些关键方法：

（1）单击。单击按钮。

（2）WaitProperty。等待直到属性值变 true。

（3）Exist。检查按钮是否存在。

（4）GetROProperty（"Name"）。获取按钮的名称。

（5）GetROProperty（"Disabled"）。如果启用/禁用，则返回布尔值。

例子：

'To Perform a Click on the Button

Set obj_Button = Browser ("Math Calculator"). Page ("SQR"). WebButton ("Calc")

obj_Button.Click

'ToPerform a MiddleClick on the Button

obj_Button.MiddleClick

'To check if the button is enabled or disabled.Returns Boolean Value

x = obj_Button.GetROProperty("disabled")

print x

'To fetch the Nameof the Button

y = obj_Button.GetROProperty("name")

print y

6.4.4.6　使用 WebTables

在当今基于 Web 的应用程序中，WebTable 已变得非常常见，测试人员需要了解 WebTable 的工作原理以及如何在 WebTable 上执行操作。本主题将帮助用户有效地使用 WebTables，具体见表 6-8。

表 6-8　WebTables 的使用声明及说明

序号	声明及说明
1	if 语句 if 语句由一个布尔表达式后跟一个或多个语句组成。
2	if...else 语句 if...else 语句由一个布尔表达式后跟一个或多个语句组成。如果条件为真。执行 if 语句下的语句。如果条件为假。脚本的其他部分被执行。
3	if...elseif...else 语句 if 语句后跟一个或多个 elseif 语句，该语句由布尔表达式组成，后跟一个可选的 else 语句，当所有条件都变为 false 时执行。

序号	声明及说明
4	嵌套 if 语句 另一个 if 或 elseif 语句内的 if 或 elseif 语句。
5	switch 语句 switch 语句允许测试变量是否与值列表相同。

（1）html id。如果标有 id 标签，那么最好使用此属性。

（2）innerText。表的标题。

（3）sourceIndex。获取表的源索引。

（4）ChildItemCount。获取指定行中存在的子项目数。

（5）RowCount。获取表中的行数。

（6）ColumnCount。获取表中的列数。

（7）GetcellData。根据列和行索引获取单元格的值。

例子：

```
Browser ("Tutorials Point"). Sync
'WebTable
Obj = Browser ("Tutorials Point"). Page ("VBScript Decisions"). WebTable ("Statement")
'FetchRowCount
x =Obj.RowCount
print x


'Fetch ColumnCount
y = Obj.ColumnCount(1)
print y


'Print the CellDataof the Table
For i =1To x Step1
```

```
For j =1To y Step1
        z =Obj.GetCellData (i,j)
print"Row ID:"& i &" Column ID:"& j &" Value:"& z
Next
Next


'Fetch the Child Item count of Type Link in a particular Cell
z = Obj.ChildItemCount (2,1,"Link")
print z
```

第 7 章　软件测试管理

测试作为软件项目中的一个重要组成部分，本身就可以看作是一种项目，要保证测试工作成功完成，也需要有效地计划、执行、跟踪和报告，与传统的软件项目管理没有本质的区别，因此软件项目管理基本原理和技术同样可以应用到测试管理中。但是，测试活动有着与开发活动不同的特点，测试管理也有其自己的特征。本章主要就测试团队管理、测试计划、测试用例管理、软件缺陷管理、测试报告等方面对测试管理进行讨论。

7.1　测试团队管理

7.1.1　测试的独立性

在整个软件生命周期中，测试活动应与开发活动紧密协调一致。为达到这个目的，最简单的策略是选择开发人员同时承担开发和测试任务。但开发人员往往会把交付期放在第一位，更倾向于利用测试来证明自己工作的正确性，而不是尽可能地发现问题。另外，开发人员可能不具备完成所有类型测试的能力。这样，让开发人员同时承担开发和测试的策略会降低了测试的有效性。因此，需要有个尽可能独立于开发的团队来执行测试活动。这样做至少可以带来如下好处：

（1）测试和开发有明确的责任，可以更加明确地确定和划分两个团队的结果和预期；

（2）测试为开发提供一个外部的视角。由于测试和开发在逻辑上是分开的，不太可能出现测试人员证明软件产品的正确性的偏见，相反，会导致尽可能多地发现产品中的缺陷。

（3）在整个软件生命周期中可使用不同的测试技能。

保持测试的独立性是组建测试团队的一个基本原则。

7.1.2　测试团队模型

通常测试的团队模型可以划分为如下几种：

（1）开发团队负责测试，但开发人员互相测试别的开发人员的程序，而不是自己的程序。这种测试往往被称作"伙伴测试"。

（2）测试人员作为开发团队的成员，负责完成团队内的所有测试任务。

（3）项目团队中有专门的测试团队，它不隶属于开发团队，独立地完成项目的测试任务。

（4）独立于项目团队的测试部门或机构。这种测试机构可以是组织内部的，也可以是组织外部的。

从模型 1 到模型 4，测试团队的独立性越来越强，但需要的人力资源越来越多。因此，不是所有的项目或项目的所有阶段都能采用独立性高的团队模型，需要平衡各方面的因素。项目团队可以根据测试的类型和人力资源的状况，来选择测试团队的模型。

（1）单元测试。单元测试的执行和开发活动最为紧密。最糟糕的选择是让开发人员测试自己的程序。选择模型 1 可以改善测试的质量。如果人员充足的话，采用模型 2 更合适。但是，这两种模型存在测试人员承担开发人员和测试人员双重角色，而忽视其测试责任的风险。为了避免这种风险，项目经理或测试经理可以通过制定明确的测试标准、测试进度计划以及通过引入外部的测试专家指导测试活动。

（2）集成测试。当集成和集成测试由开发团队内部成员执行时，可以和单元测试的做法类似，采用模型 1 和模型 2。如果需要集成的模块或组件分别由不同的开发团队时，集成测试就需要一个独立的集成测试团队来完成。这个独立的集成测试团队成员可以由不同的开发团队的测试人员组成。根据项目的规模和人力资源情况，也可以考虑选择模型 3、模型 4 和模型 5。

（3）系统测试。软件产品的系统测试应从客户和最终用户的角度去考虑，因此系统测试团队的独立性就显得格外重要。此时，模型 1 和模型 2 就不合适，模型 3、模型 4 和模型 5 是组建测试团队的选项。

7.1.3　测试团队的角色

测试团队需要具备执行整个测试过程所有活动的合格的测试人员。测试团队中测试人员可以划分为以下几种角色。

7.1.3.1　测试经理

测试经理是测试团队中关键的角色，他负责对整个测试过程进行规划和控制。测试经理应具备软件测试、质量管理、项目管理和人员管理方面的知识和经验。一般来说，测试经理需要完成以下工作：

（1）参与组织的测试政策的制定和评审。

（2）制订测试策略和测试计划。

（3）测试资源的组织。

（4）选择和改进测试相关管理方法和过程，如缺陷管理和配置管理，确保变更跟踪的有效性。

（5）推动和监控整个测试过程的开展。

（6）选择合适的度量方法来评价测试和产品的质量。

（7）作为测试团队的外部接口，与外部团队或人员进行沟通。

7.1.3.2　测试设计人员

测试设计人员负责测试方法和测试规范的制定，他应具备软件测试、软件工程等知识和经验，需要完成以下工作：

（1）分析、评审用户需求、需求规格说明书、设计。

（2）设计测试用例，制定测试规范。

（3）准备测试数据。

7.1.3.3　自动化测试人员

在需要自动化测试的项目中，需要具备执行自动化测试的专门人才，这类人员应具备测试的基本知识，具有编程经验，熟练掌握测试工具和脚本语言。

7.1.3.4　测试系统管理员

测试系统管理员负责安装、运行和维护测试环境，应具备系统管理和网络管理的知识。

7.1.3.5　测试执行人员

测试执行人员负责执行测试和缺陷报告，他们需要具备 IT 和测试的基本知识、测试，能够使用测试工具，理解测试对象。测试执行人员的工作包括：

（1）评审测试计划和测试用例。

（2）使用测试工具和测试监控工具执行测试。

（3）记录测试过程和测试结果，评估测试结果，并撰写测试报告和缺陷报告。

测试团组建时，应为这些角色分配合格人员。除了必须掌握技术知识和专门测试技能外，优秀的测试人员还应具备社交能力、团队协作能力、快速学习能力和创新能力，要具有较强的责任心、恒心和毅力。

7.2 计划测试

7.2.1 测试计划的目标

与开发一样，测试过程也要由计划推动，测试计划确定了计划测试的对象、测试所需的资源、测试的进度安排，它是测试人员与开发人员交流的主要方式，也是软件开发过程中最基本的测试文档。

那么，测试计划的目的是什么呢？根据 IEEE 829 规范定义，测试计划规定了测试活动的范围、方法、资源和进度；明确测试项和测试特性、要执行的测试任务、任务责任人以及与测试相关的风险。

作为整个软件产品开发计划过程的一个工作产品，测试计划采用的形式是书面文档（纸质、联机文档或网页等）。值得注意的是，重要的不是计划文档本身，而是计划的过程。测试计划过程的最终目标是，在测试团队内部或与测试团队外部，交流（而不是记录）软件测试团队的意图、期望和对将要执行的测试任务的理解。

7.2.2 测试计划

测试任务需要仔细计划。在软件项目中测试计划工作应尽可能早地开始。测试计划工作主要包括以下活动：

（1）定义测试范围。

（2）定义测试任务。

（3）确定测试所需资源。

（4）确定测试进度。

（5）分析测试面临的风险，制订相应的应对和处置计划。

所有这些活动的结果都将在测试计划文档中体现。在不同的测试阶段，测试团队完成不同的测试工作。可以为测试团队准备一份统一的测试计划，包含所有阶段和所有团队的工作，也可以为每个阶段或每类测试准备一份计划。例如，测试阶段包含单元测试、集成测试、确认测试，各阶段计划内容可以是一份统一计划的一部分，也可以包含在多份计划中。对于多份测试计划的情况，应该有一份计划包含所有计划的共有的活动，这种计划称作主测试计划。

　　测试计划文档的格式可以预先定义，往往是采用行业或公司的标准。IEEE 829 规范提供了一个测试计划参考模板，该参考模板包含主测试计划模板和子计划模板，附录 A 给出了子计划模板的结构，完整的测试计划模板和使用指南可以从 www.ieee.org 网站获取。

7.2.3　定义测试范围

　　定义测试范围就是确定测试对象，需要清晰地确定要测试什么，不测试什么，即确定测试需求。定义测试范围需要完成以下工作：

　　（1）理解软件发布版本的内容构成。

　　（2）确定发布版本的特性及其测试优先级。

　　（3）确定哪些特性需要测试，哪些不需要测试。

　　（4）准备估算测试所需资源。

　　比较好的做法是，从评审产品发布版本的内容开始，来获得对产品的完整理解，从而确定测试的范围和优先级。通常，在项目初期的策划阶段就要确定构成发布版本的特性，此时测试团队就应该参与到其中，并了解最终产品或发布版本的特性。

　　由于资源和时间的限制，不可能执行所有的测试用例。在这种情况下，有必要以一种合理的方式选择测试用例，确保尽可能发现大部分关键的缺陷。这就意味着，需要确定待测试的特性的优先级。

　　待测试的特性的优先级的确定应考虑以下因素：

　　（1）失效会造成严重后果的特性。失效有可能产生严重后果或给业务开展带来负面影响的特性，都应该重点测试。例如，数据库的恢复机制的总应该列为重点测试的特性。

（2）新特性和对发布版本至关重要的特性。发布版本的新特性表明了用户的预期，必须能够正常运行。新特性引入了新的程序代码，更容易引入缺陷。因此，把这些特性列为优先级高的位置是合理的，可以保证这些特性得到充分的测试。

（3）测试起来可能很复杂的特性。测试团队应尽早参与对特性的分析，以便确定很难测试的特性，从而留出足够的资源，有利于尽早发现存在其中的缺陷。

（4）从以前容易出错的特性扩展来的特性。有些区域的代码容易出现缺陷，需要重点测试，以防老的缺陷再次蔓延。

产品不仅是特性的混合，它们要根据多种环境因素和执行条件，以各种组合协同运行。测试计划应该清晰地确定要测试的这些组合。

同样由于资源和时间的限制，很可能不能穷尽所有的特性组合。除了需要确定应该测试的特性和特性组合外，测试经理还应精心确定不测试哪些特性和特性组合。做出这种决定时，应考虑不会使严重的缺陷暴露给客户。因此，测试计划应该仔细分析不需要测试的原因和可能面临的风险。

7.2.4　定义测试策略

一旦确定了需要测试的特性，接下来就是深入分析需要测试的细节，估计测试的规模、工作量和进度，确定测试各阶段采用的测试方法，确定诸如待测试特性需要什么配置和场景？各待测试特性采用什么测试类型进行测试？采用什么集成测试策略以保证被测试的特性能够协调运行？需要怎样的本地化确认？需要什么非功能的测试？哪些特性需要采用自动化测试？等问题。

本书前面章节已经讨论了各种测试类型，每种类型测试的适用性和作用都有一定条件。测试策略的确定是一项复杂的工作，需要由经验相当丰富的测试人员来承担，因为测试策略决定了测试工作的成败。

7.2.5　确定测试进入和退出准则

在确定测试策略时，必须明确各个测试阶段都的进入和退出准则。在理想情况下，必须尽早开始测试，以最大限度地降低开发拖延后给执行测试带来的巨大压力。但是，过早进行测试是没有用的。测试的进入准则描述每个测试阶段或测试类型的开始条件。比如，Beta 测试阶段在测试人员完成验收测试，从计划的 Beta 测试版本构造中没有发现新的软件缺陷时要开始。

退出准则定义了什么时候测试能够停止。测试开展一般在项目的后期，时间限制和资源短缺很容易导致随意地结束测试，为避免这种随意性带来的风险，需要在测试计划阶段定义清晰的退出准则。典型的退出准则包括：

（1）测试覆盖率。有多少测试用例被成功执行？多少需求或代码被覆盖？

（2）产品质量。发现的缺陷数量、失效率、可靠性等。

（3）经济限制。测试允许的花费，交付日期和市场机会。

测试经理应定义项目特定的进入和退出准则。在测试执行过程，这些准则作为测试和项目管理决策的基础。

7.2.6　确定资源需求

范围管理确定要测试什么，测试策略确定如何测试，下一个问题是确定需要什么样的人力资源和软硬件资源参与到测试中。

在 7.1 节中我们讨论了测试项目的人员角色定义。在测试计划中应当注意角色的定义不仅限于技术角色，还应该列出管理和报告责任，包括报告频度、报告格式和接受人。

测试经理应对测试所需的各种硬件、软件资源进行估算。估算时需要考虑以下因素：

（1）运行被测产品所需的计算机配置（RAM、处理器、硬盘等）和数量。

（2）必须提供的支持软件（例如操作系统）的不同配置。

（3）诸如编译器、测试数据生成器、配置管理工具等支撑工具。

（4）自动化测试所需的工具开销。

（5）执行机器密集测试，如负载测试、性能测试，所必须满足的特殊要求。

（6）所有软件的使用许可证及其数量。

除了上述因素，还有一些需要满足的隐含环境需求，如机房空间、后勤支持工作等因素也是需要考虑的。

7.2.7　确定测试的工作产品

测试计划除了要确定测试任务及其进度计划外，还要确定测试任务产出的可交付工作产品。可交付工作产品包括以下内容，所有这些工作产品都要经过合适人员的评审和批准：

（1）测试计划（包括主测试计划和各种其他测试计划）。

（2）测试用例（包括自动化测试用例）。

（3）测试记录（执行测试用例的日志）。

（4）测试报告。

关于测试报告的讲述详见 7.5 节。

7.2.8　测试风险

与开发一样，测试也会面临风险。测试经理在测试策划阶段就应仔细分析测试阶段可能面临的风险，制定相应的风险缓解和应对措施。测试项目中常见的风险有以下几类：

7.2.8.1　不明确的测试需求

测试的成功在很大程度上取决于对被测产品的正确预期行为的了解程度。如果产品的需求没有在文档中明确，对测试结果的解释就存在模糊性。

这可能导致报告错误的缺陷或遗漏真正的缺陷。反过来，又会导致开发和测试团队之间不必要的沟通成本增加。降低这种风险的一种办法就是保证测试团队参与到项目需求阶段。

7.2.8.2　进度依赖性

测试团队的进度很大程度上取决于开发团队的进度。测试团队很难列出在什么时间需要什么资源。如果测试团队同时参与多个软件项目，这种风险的发生可能性和影响会更大。应对这种风险的一种策略是加强与开发团队的沟通，筹备额外的测试资源。

7.2.8.3　测试时间不足

虽然有些测试方法，如白盒测试，可以在软件生命周期的较早期进行，但大部分测试一般还是要在接近产品发布时才实施。例如，系统测试和性能测试只能在整个产品完成后进行。通常这类测试耗费较多的测试团队资源，而且发现的缺陷也是开发人员修复起来比较困难的，可能涉及体系结构和设计变更，变更成本高，甚至不可能变更。即使开发人员修复了这些缺陷，留给测试人员完成测试的时间更少。采用 V 模型至少把各类测试的设计提前到项目的较早阶段，有助于更好地预测各测试阶段的测试失败风险，降低最后时刻的压力。

7.2.8.4　影响继续测试的缺陷

有些影响测试继续进行的缺陷可能使测试团队在开发团队修复之前无法继续测试，造成资源的空闲浪费，可能造成测试进度延迟，这种风险给测试进度安排和资源利用带来很大挑战。缓解这种风险的措施是明确开发团队将产品提交测试的准则，在开发阶段消除影响测试进行的严重缺陷。这种风险发生后，在等待继续测试时，安排测试团队完成其他工作。

7.2.8.5 测试人员技能和积极性

聘用和激励测试人员是很大的挑战,尤其是当员工一般都更喜欢从事开发工作时。应对这种风险的措施是定期对测试人员开展技能培训,也可以采用在开发和测试团队之间实行轮换制。

7.2.8.6 缺少自动化工具

自动化测试可以缓解手工测试占用大量资源和容易出错的问题。但是自动化测试工具往往很昂贵,公司可能面临买不起的风险。降低这种风险的方法是自行开发工具,但这种方法会引入新的风险,甚至会引发更大的风险。

以上测试常见的风险不仅单独发生,而且经常多种风险接连出现。重要的是要尽早地或在风险对测试团队产生严重影响之前,确定这些风险。同时,要在整个项目期间密切跟踪这些风险的征兆和影响,分析潜在的新的风险。

表 7-1 给出了典型的测试风险及缓解应对措施。

表 7-1 典型的测试风险

风险	征兆	影响	缓解和应对措施
开发延迟	各模块的编码工作进度经常调整延迟	测试可用时间减少 产品发布时间推迟	测试团队参加开发计划的制定 定期、及时沟通 按照 V 模型调整测试活动
出现影响测试继续进行的缺陷	测试工作常常被挂起/恢复	浪费测试资源 可能的测试进度延迟	制定明确的产品提交测试的准则 在等待时安排测试团队完成其他工作
需求不清楚	产品通过所有内部测试后客户发现缺陷	从需求获取开始返工造成客户不满	让用户尽早参与需求开发和原型开发 定义明确的需求确认准则和需求的严格批准程序
测试没有足够时间	测试人员经常加班 花在测试上的时间在整个生命周期中所占比例很小	遗漏缺陷,甚至被客户发现	把测试活动分散到整个产品生命周期 采用自动化测试方法 尽早就进度各方达成共识
测试过于保守	报告无关紧要的缺陷 测试团队成为产品发布瓶颈	测试资源没有产生很好的效果	制定客观的测试退出准则

风险	征兆	影响	缓解和应对措施
缺少高素质的测试人员	不断有人希望从测试部门调到其他部门	测试质量差、遗漏很多缺陷测试团队的信誉受到损害	定期培训提高技能 在开发、测试团队间实行人员轮换
缺少自动化工具	手工测试耗时太长	人力资源的浪费 测试人员不满	尽力促成自动化工具到位 自行开发自动化工具

7.3　测试用例管理

测试用例的数量很容易达到数以千计，如果没有有效管理，测试人员很快就会陷到文档的海洋中。因此，在建立测试用例文档时，应该考虑如何组织和跟踪测试用例相关信息。

比较好的做法是建立测试用例数据库来管理测试用例，表 7-2 给出了一个测试用例数据库的内容。

表 7-2　测试用例数据库的内容

实体	用途	属性
测试用例	记录测试用例的基本信息	测试用例标识 测试用例名称 测试用例所有者 测试用例关联文件
测试用例与产品间引用	在测试用例和对应的产品特性间进行映射，以确定给定特性对应的测试用例	测试用例的标识 产品特征的标识
测试用例执行历史	记录测试用例执行时间和执行状态	测试用例的标识 运行时间 所用时间 执行状态（成功/失败）
测试用例与缺陷的关联引用	记录发现特定缺陷的测试用例	测试用例的标识 缺陷标识（详见 7.4.1）

通过在测试用例和产品特征之间建立映射，保证需求在软件生命周期的测试阶段得到贯彻，避免被遗漏。同样地，通过对测试用例运行历史和与缺陷的关联引用，可以给回归测试选择测试用例提供输入。

7.4　测试缺陷管理

软件测试主要任务之一是对测试发现的缺陷进行管理，即报告和跟踪测试过程中发现的缺陷。表面上看，与计划测试工作和有效发现软件缺陷必备的技能相比，报告和跟踪发现的缺陷肯定是省时省力，但实际上，报告跟踪发现的缺陷是软件测试人员需要完成的最重要、最困难的任务。试想一下，如果测试人员报告软件缺陷时，夸大其词、粗略笼统或者误报，这个对提高开发人员修复缺陷的效率没有任何帮助，反而会降低开发效率，甚至会损害测试团队的信誉。同样地，如果报告的缺陷没有有效的跟踪，可能会发生缺陷未被适当地处理而被客户发现的情况，造成客户的不满意。

7.4.1　报告软件缺陷

报告软件缺陷应遵循以下基本原则：

（1）尽快报告软件缺陷。软件缺陷发现得越早，留给修复的时间就越多，该缺陷被修复的可能性就越高。软件缺陷发现得越晚，越不可能被修复，特别是对严重性低的缺陷。

（2）有效地描述软件缺陷。软件缺陷的描述应该短小、单一、再现。短小不是指描述字数少，而是指描述只解释事实和描述软件缺陷必需的细节。例如，"在登录的密码框中输入一随机字符串，软件发生错误。"这种描述虽然短小，但缺乏必要的信息，如"随机字符串是如何构成的？""错误的具体表现是什么"，因此对于开发人员修复缺陷缺少必要的帮助。单一是指每一个缺陷描述只针对一个软件缺陷，而不是堆在一起。将多个软件缺陷堆在一起，一般只有第一个软件缺陷得到重视，其他软件缺陷常常被忽视或被遗忘。再现是指软件缺陷的报告必须展现能够按照预定的步骤使软件达到缺陷再次出现的状况。面对一个无法再现的缺陷，项目经理或开发人员很难定位缺陷发生的根本原因，因此很难做出是否修复的决定。

（3）报告软件缺陷时不作评价。测试人员和开发人员之间很容易形成对立的关系，缺陷报告阅读对象包括开发团队人员，因此缺陷的描述需要不带个人倾向、个人观点和煽动性，避免幸灾乐祸、哗众取宠、责怪的语句，应该针对产品陈述事实，而不是具体的人。

（4）跟踪软件缺陷，完善缺陷报告。比没有找到重要缺陷更糟糕的是，发现并报告了一个软件缺陷，但把它遗忘了或忽视了。优秀的测试人员发现并报告了大量软件缺陷后，会继续跟踪缺陷的修复全过程，保证它们被正确报告，并得到应有的重视。

测试人员应该将以上这些原则运用到日常测试工作中，运用到任何交流活动中。要想卓有成效地报告软件缺陷，并使其得以修复，就要遵循这些基本原则。

采用怎样的描述方式来报告软件缺陷呢？采用预先定义好的模板来报告缺陷是比较好的选择。缺陷报告模板定义了描述缺陷的关键属性，根据模板来报告缺陷有利于缺陷的沟通和统计。一般来说，缺陷属性除了描述缺陷本身外，还包含测试对象、测试环境、缺陷报告人、报告日期、缺陷的严重性和优先级等信息。表 7-3 给出了一个缺陷报告模板的例子。

表 7-3　缺陷报告模板

	属性	含义
缺陷标识	缺陷标识号	缺陷的唯一标识号
	测试对象	测试对象标识或名称
	版本号	测试对象版本号
	平台	缺陷发现时采用的软硬件平台或测试环境
	报告人	报告人标识号或姓名
	责任人	负责测试对象的开发人或团队名称
	报告日期	缺陷发现的日期
缺陷分类	状态	缺陷的处理状态（详见 7.4.3）
	严重性	缺陷严重程度（详见 7.4.2）

续表

属性		含义
缺陷分类	优先级	缺陷修正的紧迫程度（详见 7.4.2）
	需求	缺陷涉及的系统需求或用户需求
	问题源	缺陷引入的项目阶段（如分析、设计、编程等），用于规划过程改进措施
缺陷描述	测试用例	描述测试用例（名称和用例号），或者描述重现缺陷的必要步骤
	问题描述	用于描述发生的缺陷，一般采用期望结果和实际观察结果方式描述
	解释说明	开发人员或其他相关人员对缺陷的解释说明
	修正措施	描述缺陷修正措施
	引用	引用的其他相关报告

IEEE 829 规范定义了一个测试异常报告模板，用于缺陷的记录和报告。IEEE 1044 给出了更精确的定义。例如，如果在验收测试或产品维护阶段，产品的客户信息也要记录在缺陷报告中。附录 B 给出了 IEEE 829-2008 的测试异常报告模板，完整使用指南可以从 www.ieee.org 网站获取。

7.4.2 缺陷分类

由于软件项目都有交付期和资源的限制，对于发现的缺陷，很可能不能全部进行修复，因此必须进行取舍，以决定哪些缺陷需要修复，哪些不修复，哪些必须在软件的当前版本解决，哪些推迟到以后版本中解决。

要明确这些问题，在报告软件缺陷时，需要对软件缺陷进行分类，并以简明的方式描述其带来的影响。常用的方法是给软件缺陷划分严重性和优先级。严重性表示软件缺陷的恶劣程度，反映其对软件产品和用户的影响。优先级表示修复缺陷的重要程度和要求修复的及时程度。严重性和优先级常划分为多个等级。

表 7-4 中缺陷严重性被划分为 5 个级别。

缺陷严重性级别应从测试对象涉及的所有涉众的视角，特别是从用户的视角来定义。缺陷的严重性没有反映出修复缺陷的紧迫程度。修复缺陷的紧迫程度由缺陷优先级这个属性来描述。表 7-5 将缺陷优先级划分为 4 级。

表 7-4　缺陷严重性级别

严重性级别	描述
1-FATAL	致命的。系统崩溃、数据丢失或毁坏。这种情况下，测试对象不能被发布。
2-VERY SERIOUS	非常严重。基本功能错误、需求没有正确实现；严重影响到很多涉众。在这种情况下，测试对象仅能在严格的限制下使用。
3-SERIOUS	严重。功能有偏差、需求仅部分实现；严重影响到一些涉众。在这种情况下，测试对象能在一定的限制下使用。
4-MODERATE	中等。较小偏差；影响较少的涉众。在这种情况下，软件能不受限制使用。
5-MILD	小问题。对涉众影响很小。这种情况下，软件能不受限制使用。比如，拼写错误或错误的屏幕布局

表 7-5　缺陷优先级级别

优先级别	描述
1-IMMEDIATE	用户的工作被阻塞或正在进行的测试无法继续。缺陷必须立刻修复。
2-NEXT RELEASE	缺陷将在下一个发布版本中修复或在下一个提交测试的版本中修复。
3-ON OCCASION	当受影响的系统即将发布时，缺陷将被修复。
4-OPEN	缺陷还未列入修复计划。

请注意，表 7-4 和表 7-5 中对缺陷的严重性和优先级的等级划分仅仅是一个示例。不同的组织对这些等级的划分都不同，有的使用多达 10 个等级，有的仅使用 3 个等级。但是，不论使用多少个等级，目标都是一致的。

严重性和优先级往往会被混淆。严重性等级高的缺陷不一定其优先级等级高。比如，软件一启动就崩溃的缺陷，严重性 1 级，优先级 1 级；按钮布局位置应向下方移动一点，它属于严重性 5 级，优先级 3 级。然而，极少发生的数据毁坏缺陷其严重性为 1 级，但其修复的优先级可能为 3 级；安装向导的错别字严重性为 5 级，但优先级为 1 级。

严重性和优先级的信息对于分析缺陷报告，决定哪些缺陷应该修复，以何种顺序修复是极其重要的。如果一个程序员受命修复 25 个缺陷，他就应该从严重性级别高、优先级级别高的缺陷开始，而不是只修复最容易的，严重性和优先级是他做出此决定的依据。

软件缺陷的优先级在项目期间会发生变化。原来标记为优先级 2 的软件缺陷随着交付期的临近，可能变为 4 级。作为发现软件缺陷的测试人员，应跟踪缺陷的状态，确保缺陷得以修复或适当处理。

7.4.3 缺陷的生命周期

测试管理不仅是确保软件缺陷被正确地收集记录，而且要确保缺陷被合适地修复或处理。这就需要在项目整个周期内对缺陷持续地跟踪。为此，在报告软件缺陷时，使用缺陷状态来描述缺陷当前被处理的情况。缺陷处理过程中缺陷状态的变迁反映了缺陷从被发现到成功处理的整个生命周期。

图 7-1 描述了缺陷生命周期中的状态变迁。缺陷被测试人员发现并记录下来，处于"新增"状态。新增缺陷在经过检查，除去重复报告缺陷后，分配给开发人员进行处理，此时缺陷状态被置为"打开"。一旦开发人员接受修复任务，开始着手分析缺陷，缺陷进入"分析"状态，分析的结果将记录在缺陷报告的解释说明中，见表 7-2 缺陷描述。基于分析的结果，项目经理决定是否修复，如果决定缺陷不需修复，缺陷就被置为"拒绝"状态，如果缺陷需要修改，缺陷被指派给相应开发人员进行修复，缺陷进入"修复"状态。开发人员完成缺陷的修复后，提交新的软件版本给测试，缺陷进入"测试"状态。状态为"测试"的缺陷将进入下一个测试周期，测试人员对修复的结果进行测试，如果测试表明修复成功，则缺陷被置为"关闭"状态，否则，缺陷转换为"失败"状态，表明修复失败，缺陷重新开始新的分析修复过程。可以看到，软件缺陷可能在生命周期中经历多次分析和修复、测试，有时反复循环整个生命周期。

缺陷的状态是预定义的。和缺陷的严重性和优先级等级一样，在实际中，每个组织或项目组有自己的系统，预定义的状态是不一样。一般情况下，最简单的软件缺陷生命周期仅为：软件缺陷被打开、修复和关闭。图 7-1 能够覆盖几乎所有的缺陷生命周期，实际应用中可通过裁剪以适合软件项目的实际情况。

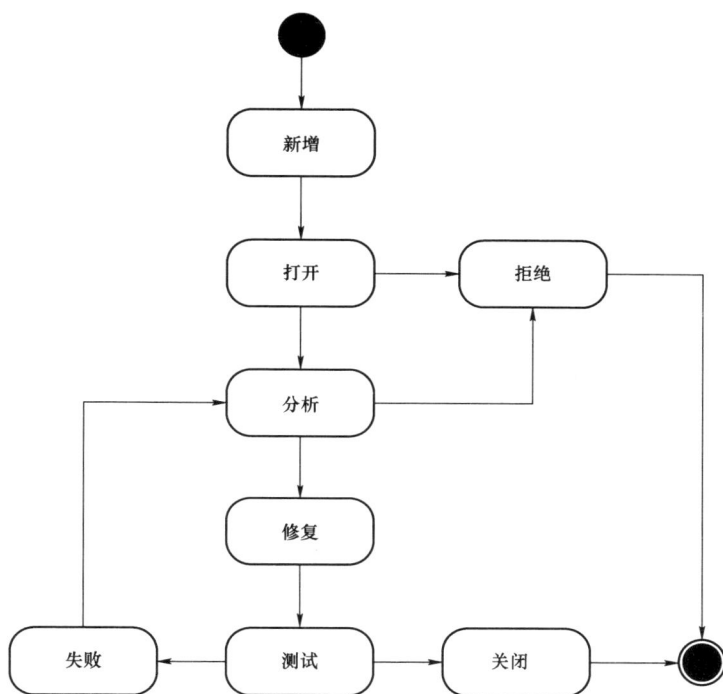

图 7-1　软件缺陷生命周期状态变迁

7.5　测试报告

　　测试报告既是测试团队的工作成果，也是测试团队与开发团队沟通的一种手段。测试报告一般分为两类：测试缺陷报告和测试总结报告。

　　测试缺陷报告也有文献中称为测试事件报告或测试异常报告，是在测试周期内发现缺陷时的沟通方式。我们在 7.4 缺陷管理中进行过探讨。影响大的测试缺陷要在测试总结报告中指出。

　　测试总结报告是对一个测试周期的结果进行总结的报告。测试总结报告有两类：

　　（1）按阶段进行测试总结，在每个阶段结束时进行。

（2）最终测试总结报告，对所有测试阶段或完成所有测试的总结。

测试总结报告应包含：

（1）本测试阶段或周期完成的活动总结，实际执行的活动与计划之间的偏差，包括：① 计划运行但不能运行的测试及其原因；② 对原测试规范的修改；③ 运行的未纳入计划的测试用例；④ 实际工作量、进度与计划的偏差；⑤ 其他与计划的偏差。

（2）总结结果，包括：① 未通过的测试及其原因；② 测试发现的缺陷的影响及严重性

（3）评估结论和建议。

根据测试总结报告是决定产品发布与否的基础。在理想情况下，希望发现的缺陷为零。但是，市场压力可能导致发布带缺陷的产品，做出这种发布决策之前，高层管理需要对这些遗留的缺陷可能造成客户不满意的风险进行评估。

7.6 软件测试配置管理

软件配置管理标识和确定系统中配置项的过程，在软件整个生命周期内控制这些项的发布和变更，记录并报告配置的状态和变更要求，验证配置项的完整性和正确性。软件配置管理协调软件开发，使得混乱减少到最小，目的是最有效地提高生产率。

从测试的角度看，需要纳入配置管理的配置项应至少包括：

（1）测试计划。

（2）测试设计及测试用例。

（3）测试报告。

配置管理在测试过程中要保证：

（1）建立与产品发布版本相关联的测试文档基线。

（2）测试文档（如测试用例、缺陷报告）与测试对象的一致性和可跟踪性。

（3）对测试文档的变更处于受控状态。

（4）测试配置项的审计和状态报告。

如果软件项目建立了测试用例库和缺陷库系统，它们应该和配置管理库相互匹配，协同工作。例如，缺陷库将缺陷及其修复与测试用例关联起来，保存这些内容的文件放在配置管理库中。这样从给定缺陷开始，可以跟踪到该缺陷对应的所有测试用例，并通过软件配置库追溯对应的测试用例文件和产品源代码。类似地，为了确定回归测试应该运行哪些测试用例，可以通过缺陷库找出与测试对象版本相应的缺陷和对应的测试用例，组成回归测试的测试用例。图 7-2 显示了这三个数据库间的关系。

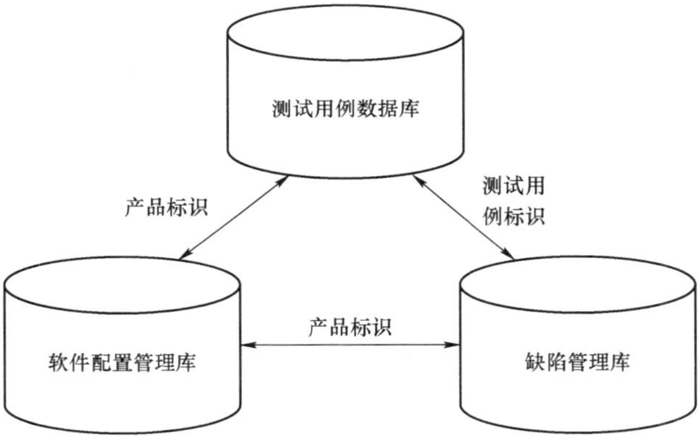

图 7-2　软件配置管理库、缺陷库与测试用例数据库之间关系

7.7　测试管理工具

从前面描述，我们知道测试管理是很复杂的，需要大量的详尽信息和相当大的工作才能有效地完成。对于非常小的项目，手工方式来管理可以胜任，但对于规模较大的项目，手工方式的效率低下的问题就会完全暴露出来。我

们可以利用测试管理工具来辅助管理整个测试过程。目前有许多测试管理的工具可供我们选择，按照功能划分可以分为计划工具、测试用例管理工具、缺陷管理工具、配置管理工具等。

7.7.1　测试计划工具

目前市面上的项目管理工具都可用于测试计划制定以及测试过程跟踪管理，常见的有微软的 Microsoft Project、Scitor 公司的 Project Scheduler、Primavera Project Panner 等。这些工具可以帮助我们建立测试计划，实现进度控制、成本分析、预测、控制等靠人工根本无法实现的功能。

在测试计划工具的选择上应该和整个项目的项目管理工具保持一致，以便计划信息的沟通。

7.7.2　测试用例管理工具

这类工具能够帮助我们比较容易地对成百上千的测试用例及其属性进行分类和管理，允许我们跟踪测试用例的状态，如记录和评估测试用例的执行状态和历史。

高级的测试管理工具支持基于需求的测试用例管理，允许我们将需求和测试用例关联起来，进行需求和测试的跟踪管理。常见的工具有 IBM Rational TestManager、HP TestDirector for Quality Center software 等。

7.7.3　缺陷管理工具

实际上，报告缺陷的工具对测试经理来说是不可或缺的。缺陷管理工具帮助我们对缺陷进行记录、分类、分配和统计分析，跟踪缺陷的修复状态，生成相关测试文档（如测试计划、测试规范、测试报告）。高级的缺陷管理工具还提供工作流机制，跟踪缺陷从发现到修复，直至回归测试的生命周期全过程。通过工作流机制来指导项目团队成员完成其承担的任务。

常见缺陷管理工具有 IBM Rational ClearQuest、Compuware TrackRecord、

HP TestDirector for Quality Center software 以及免费的 Bugzilla、Mantis 等。
图 7-3 是 Bugzilla 的记录新缺陷的页面截图。

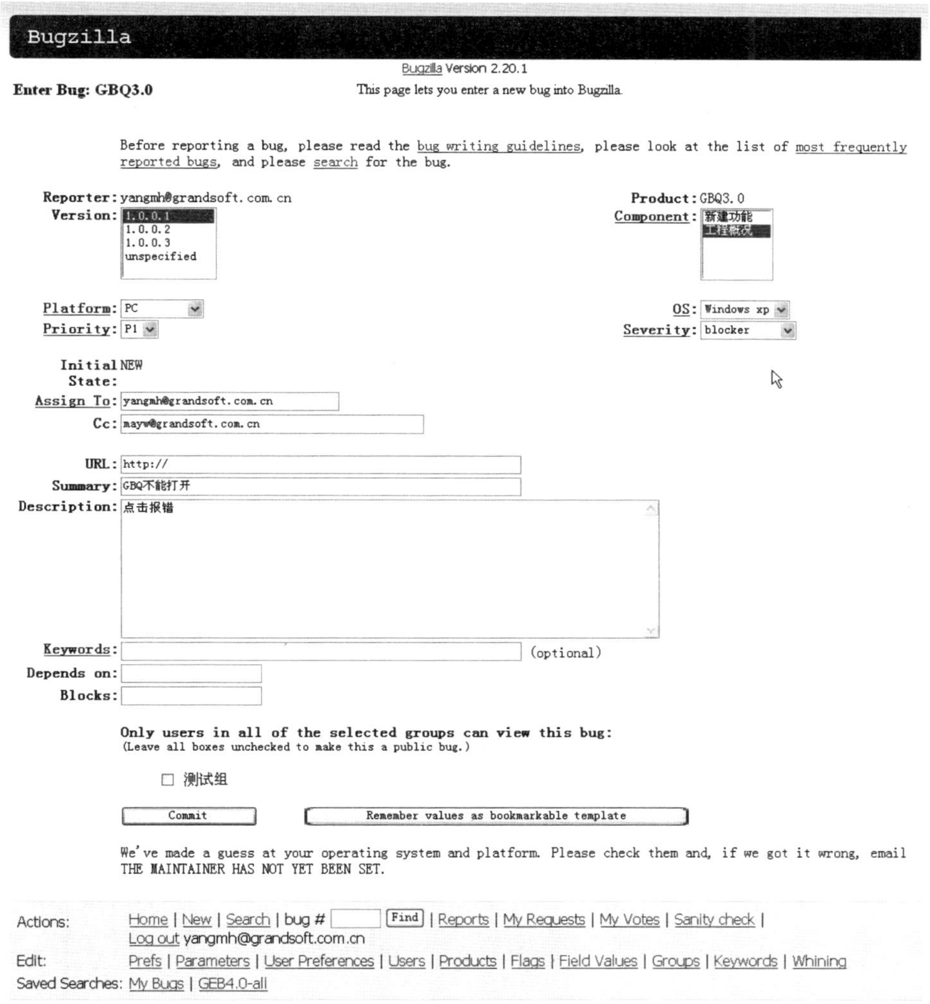

图 7-3　缺陷管理工具（Bugzilla 记录新发现缺陷的页面截图）

7.7.4　配置管理工具

　　严格地讲，配置管理工具不是测试管理工具。配置管理工具不仅对软件版本进行管理，还对项目文档及测试相关的工作产品各种版本进行管理。使用配置管理工具可以帮助我们对特定的产品版本的测试结果进行跟踪管理。

这类工具常见的有 Microsoft 公司的 SourceSafe（VSS）、IBM Rational Clearcase 以及免费的 Subversion（SVN）、Concurrent Version System（CVS）等。

有些功能强大的测试管理工具集成多种功能。近年来，多种测试管理工具的集成以及测试管理工具与其他工具的集成，越来越重要。测试管理工具成为测试管理的关键：

（1）从需求管理工具导出测试需求，作为测试计划的基础。所有需求的测试状态能够在需求管理工具或测试管理工具被跟踪管理。

（2）通过测试管理工具，制订重新测试计划，如回归测试计划。

（3）利用配置管理工具，每次代码的变更和缺陷关联起来，或者与变更请求关联起来。集成在一起的工具链，使从需求到测试用例和测试结果，到缺陷报告和代码变更的全过程的跟踪成为可能。

7.8 软件测试管理

有效的测试管理保证测试工作成功完成。

测试团队的独立性是测试管理的一个基本原则。

测试计划确定了计划测试的对象、测试所需的资源、测试的进度安排，它是测试人员与开发人员交流的主要方式，也是软件开发过程中最基本的测试文档。重要的不是计划文档本身，而是计划的过程。

测试用例应与测试需求、缺陷互相关联，进行跟踪管理，保证所有测试对象不被遗漏。

缺陷管理应该覆盖缺陷的整个生命周期。

测试管理工具能够帮助我们提高测试管理的效率。

附　录

附录 A

IEEE 829-2008 IEEE 标准 829-2008 软件测试文档标准
子测试计划（Level Test Plan）模板

1. 介绍	3. 测试管理
1.1　文档标识	3.1　计划任务
1.2　范围	3.2　环境/基础设施
1.3　参考文献	3.3　职责
1.4　测试级别	3.4　各方接口
1.5　测试类型	3.5　资源极其分配
2. 详细计划	3.6　培训
2.1　测试项	3.7　进度、估算和成本
2.2　测试跟踪矩阵	3.8　风险与应急计划
2.3　待测特征	4. 其他
2.4　不予测试的特征	4.1　质量保证规程
2.5　方法	4.2　度量
2.6　测试项通过/失败标准	4.3　测试覆盖
2.7　挂起标准和恢复要求	4.4　术语
2.8　测试交付物	4.5　文档变更规程和历史

附录 B

IEEE 829-2008 IEEE 标准 829-2008 软件测试文档标准
异常报告（Anomaly Report）模板

1. 介绍	-规程步骤
1.1 文档标识	-测试环境
1.2 范围	-重现尝试
1.3 参考文献	-测试人员
2. 详述	-见证人
2.1 总结	2.5 影响
2.2 异常发现日期	2.6 优先级评估
2.3 背景信息	2.7 纠正措施描述
2.4 异常描述	2.8 异常的状态
-输入	2.9 结论和建议
-期望结果	3. 其它
-实际结果	3.1 文档变更规程和历史
-异常情况	

参考文献

［1］ 王青. 基于 ISO9000 的软件质量保证模型［J］. 软件学报，2001，12
（12）：6.

［2］ 董昕，梁艳，王杰. 高质量软件构建方法与实践 软硬件技术［M］. 北
京：电子工业出版社，2023.

［3］ ［美］雷克斯·哈特森，美帕尔达·派拉. 高质量用户体验（第 2 版 特
别版）：恰到好处的设计与敏捷 UX 实践（1-4）网络技术［M］. 周子衿，
译. 北京：清华大学出版社，2023.

［4］ 李泳. 车联网项目质量管理实战 网络技术［M］. 北京：人民邮电出版
社，2023.

［5］ 于海平，孙萍. 面向软件工程专业课程思政教学路径探究——以软件质
量保证与测试为例［J］. 电脑知识与技术：学术版，2023，19（17）：
59-63.

［6］ C·戈特利布，J·特里斯. 软件设计控制及质量保证的系统及方
法. CN202180027162. 2［P］. ［2024-06-25］.

［7］ 毛志浩，郝若男，李岩冰，等. 基于高效测试模式的软件质量管理研究
与应用［J］. 中文科技期刊数据库（全文版）工程技术，2023（1）：5.

［8］ 张志敏，纪雷，王心怡，等. 群智感知网络中数据质量保证方法分析［J］.
软件工程与应用，2023，12（6）：745-751.

［9］ 陈佳丽，陈晓洁，曾志宏，等. 工程认证与"三创"背景下集中实践性

课程教学改革探索——以软件质量保证与测试课程设计为例 [J]. 软件导刊，2023，22（10）：221-224.

[10] 黄丝米，唐海涛. 基于继承优化的软件系统质量保证方法与实现 [J]. 科学与信息化，2023（21）：93-95.